の脅威」のカラクリ

変質する日本の安保政策

半田 滋

表紙写真：東京・市ヶ谷の防衛省に配備されたPAC3(2009年4月2日，著者撮影)

はじめに——無意味な「危機対応」……2
無意味な内閣府の広報／避難訓練は有効か／煽られる危機意識

第1章　挑発を続ける北朝鮮——その軍事力と危機の顕在化……7
金正恩の北朝鮮／先軍政治の実態／繰り返されるミサイル発射実験／核開発への道のり／朝鮮半島危機／一転して対米支援を決定した日本政府

第2章　「北朝鮮の脅威」に対処しているのか——恣意的で空虚な安保政策……23
ミサイル発射で強化される日本の防衛力／弾道ミサイル防衛システムを導入／離島防衛に利用されたミサイル防衛システム／防衛省が行う印象操作／「敵基地攻撃能力」を保有へ／核兵器禁止条約に不参加の日本

第3章　「北朝鮮の脅威」にどう向き合うか……40
北朝鮮の狙いをどう読むか／せめぎ合う米国と北朝鮮／日本に波及する戦争／九州と中国地方が「狙われる」／原発は攻撃されない？／押し寄せる難民／戦争は避けなければならない

岩波ブックレット No. 979

はじめに──無意味な「危機対応」

無意味な内閣府の広報

北朝鮮のミサイル発射と核実験がとまらない。北朝鮮の狙いは、米国から攻撃され、指導者が殺害されたリビアやイラクの二の舞にならないための「強力な抑止力」の保有にある。しかし、安倍晋三政権はその矛先が日本に向けられているかのように危機を強調する。

二〇一七年九月十五日午前七時、前日、東京や北海道であったゲリラ豪雨を伝えるテレビ・ニュースの最中、画面は突然、全国瞬時警報システム（Ｊアラート）に切り替わった。真っ黒な画面の背景に「ミサイル発射。ミサイル発射。北朝鮮からミサイルが発射された模様です。建物の中、又は地下に避難して下さい」との文字が表示され、アナウンサーが文面を読み上げた。

北海道、青森、岩手、宮城、秋田、山形、福島、茨城、栃木、群馬、新潟、長野の十二道県の住民が持つスマートフォンや携帯電話からは、空襲警報を連想させるＪアラートの警報音が一斉に鳴り響いた。

安倍首相は「発射直後からミサイルの動きを完全に把握していた」と断言した。ならば、Ｊアラートはミサイルが上空を通過した北海道に限定できたにもかかわらず、東北地方から長野県まで十一県という広域に発信したのはなぜか。多くの国民に危機感を共有させる狙いがあったのだろう。

北朝鮮が北海道上空を横断する経路で中距離弾道ミサイル「火星12」を太平洋へ向けて発射したのは八月二十九日に続き、二度目である。一度目と同様、Jアラートを受けて電車が運転を見合わせ、各地の小中高校が休校するなど全国で大騒ぎになった。

行政無線で「さきほど、この地域の上空をミサイルが通過した模様です」と実況中継風に伝えた自治体もあり、現実とは思えないシュールな事態に直面し、「どこに逃げればいいのか」と戸惑うしかなかった人々が大半ではないだろうか。現に政府が十二月になって公表したインターネット調査の結果によると、実際に避難行動をとったのは五・六％にとどまったことがわかっている。

北朝鮮による新型大陸間弾道ミサイル(ICBM)「火星15」の発射実験(2017年11月29日，写真提供：コリアメディア提供・共同)

避難訓練は有効か

菅義偉《すがよしひで》官房長官は九月十五日午前、二度目の記者会見で「我が国の北海道上空を通過し、七時十六分ごろ、襟裳《えりも》岬の東、二千二百キロメートルの太平洋上に落下したものと推定されます」「自衛隊による破壊措置の実施はありませんでした」と発表した。

出典：内閣官房「国民保護ポータルサイト」

図1　「弾道ミサイル落下時の行動について」

「襟裳岬の東から二千二百キロメートル」を日本地図上に置き換えると襟裳岬の二千二百キロメートル先にあるのは沖縄本島である。沖縄本島は「襟裳岬の南」とはいわない。「我が国の北海道」という言い方も気になる。「北海道上空を通過し、二千二百キロメートル先の太平洋上に落下」で十分伝わるのになぜ「我が国」や「襟裳岬」を含めるのか。

日本の領域に落下しなかったのだから「自衛隊による破壊措置」がなかったのは当たり前である。「火星12」は最高高度七百五十キロメートルに達し、イージス護衛艦に搭載された艦対空迎撃ミサイル「SM3」の最高高度五百キロメートルより高く、破壊措置などできるはずもなかった。そもそも「上空」といっても領空をはるかに超える宇宙空間であり、人工衛星の周回する領域である。政府の発表は意図的に誤解させている。

内閣官房「国民保護ポータルサイト」（**図1**）には八月まで「できる限り頑丈な建物や地下に避難する」とあった。「頑丈な建物がない場合、どうするのか」との批判を受けて、「近くの建物の中か地下に避難」と修正したが、近くに建物も地下もなければ同じことである。また「地面に伏せて頭部を守る」とあり、真《ま》に受けた各地の自治体が住民に両手で頭を守らせ、しゃがみこむ訓練を行っているが、本当にミサイルが落下したとすれば有効であるはずがない。

何といっても「あおり」の千両役者は安倍首相だろう。八月二十九日のミサイル発射直後、報道陣の前に足早に歩み寄り、緊張した表情で「我が国に弾道ミサイルを発射しました」と日本を標的にしたかのようなミスリードから会見を切り出した。この日、二度目の会見では「これまでにない深刻かつ重大な脅威」と断定してみせた。

だが、予告なしで北朝鮮のミサイルが日本列島上空を横断したのは一九九八年八月に続いて二度目(九月十五日を含めれば三度目)、列島上空を横断するルートでの発射は五度目(同六度目)である。にもかかわらず、首相は過去にない事態を迎えたかのように「日本の危機」を強調したのだ。

こうした対応をみれば、北朝鮮は日本攻撃を意図していると勘違いする人も出てくるだろう。

煽られる危機意識

安倍首相は二度目の「火星12」の発射があった九月十五日、臨時国会の開会を決めた。森友学園、加計学園問題の真相解明を求め、野党が憲法に基づいて召集を求めてから約三カ月が経過していたが、もちろん首相の狙いは疑惑解明のための国会開会などではなかった。

九月二十八日、臨時国会は開会したものの、所信表明演説も各党の代表質問もないまま、冒頭で衆議院が解散された。そして安倍首相が掲げたスローガンは、北朝鮮問題を柱とする「国難突破解散」である。北朝鮮問題への対処をめぐり、政権の求心力は最高潮に達したと判断したからこその衆院解散・総選挙だった。

野党が分裂したこともあり、結果は自民党の大勝に終わった。麻生太郎副総理兼財務相は「明らかに北朝鮮のおかげもある」(十月二十六日)と話した。「北朝鮮のおかげ」との言葉は、国民に危機感が十分に刷り込まれたとの認識がなければ出てこない。

ただ、北朝鮮問題を利用したのは安倍政権が最初ではない。情報収集衛星の保有、ミサイル迎撃システムの導入など日本の防衛力強化も北朝鮮の動向を反映して決められてきた事実がある。北朝鮮のミサイルに対抗するうえで「敵基地攻撃能力の保有が必要」と訴えたのは防衛相に就任する前の小野寺五典《おのでらいつのり》氏であり、十二月になって敵基地攻撃に活用できる長射程ミサイルの輸入を急きょ、二〇一八年度予算案に盛り込んだのも防衛相になった後の小野寺氏である。

懸念されるのは安倍政権が発信する「官製危機」が、トランプ米大統領の発する挑発的な言葉と共振し続けていることである。米国の武力行使を後押しする結果になりかねない。一九五〇年から始まった朝鮮戦争で日本は無傷どころか、特需に沸き、戦後復興の弾みをつけた。しかし、軍事技術が進展し、社会情勢が変化している現在、ふたたび朝鮮半島で戦端が開かれたとすれば、日本が受ける影響は朝鮮戦争の当時とは比較にならない。

本書では、北朝鮮の狙い、北朝鮮問題に絡めて対米支援を強化することになった安全保障関連法の実態、防衛省の「焼け太り」などを検証する。

私たちは今、北朝鮮問題にどう向き合えばよいのだろうか。

(肩書や名称などはいずれも当時)

第1章　挑発を続ける北朝鮮――その軍事力と危機の顕在化

金正恩の北朝鮮

北朝鮮は親子三代にわたる「金王朝」の国である。金正恩《キムジョンウン》氏の祖父にあたる金日成《キムイルソン》国家主席は「建国の父」として、朝鮮民族の主体《チュチェ》主義、すなわち「主体思想」に基づく社会主義体制の国家づくりを提唱した。

一九九四年七月、主席が死亡し、長男の金正日《キムジョンイル》朝鮮労働党総書記が後継者となった。総書記は人間には「社会政治的生命体」があり、首領（主席）のもとに結束すれば、肉体は滅んでも社会政治的生命は永久に生き続けると訴えた。自身が後継者となったのは息子だったからではなく、偉業的革命の「忠実な継承者」だったから権力を引き継いだと主張したのである。

総書記存命中の二〇〇九年に改定された憲法序文には、「軍事が全てに優先する」という「先軍思想」が盛り込まれ、「主体思想」とともに社会主義体制を建設するための中核思想と定められた。「先軍政治」とは、軍事先行の原則に立ち、革命と建設に提起されるすべての問題を解決するというもので、軍隊を革命の柱として前面に押し出した軍事最優先の国家方針といえる。

二〇一一年十二月、総書記が死亡すると、息子の金正恩氏が後継者となる。現在は「朝鮮労働党委員長」の肩書を使い、日本の新聞では金正恩委員長と表記される。

正恩氏は朝鮮労働党の党規約を変更し、その序文に最終目的は「全社会の金日成・金正日主義化」であると記し、三代世襲の正統化を強めた。正恩氏は「主体思想」「先軍政治」の二枚看板を掲げるものの、実際には、金日成、金正日、金正恩の親子三代による事実上の独裁政治を継いだにほかならない。そして国民に対しては、血統の正統性を刷り込むことを怠《おこた》ることがない。

正日氏のころからの側近であり、中国政府との窓口役でもあった張成沢《チャンソテク》氏は「国家転覆陰謀行為」を働いたとして一三年十二月、正恩氏の指示によって処刑された。機関砲によってバラバラにされた後、遺体が残らないよう火炎放射器で焼かれたとの報道もある。死刑を決めた際の判決文にはこうある。

「歳月は流れ、世代が十回、百回交代しても変化することも替わることもないのが白頭山《ペクトゥサン》の血統である。わが党と国家、軍隊と人民はただ、金日成、金正日、金正恩同志以外には誰も知らない」

白頭山は抗日ゲリラの拠点である。日成氏は自身が白頭山を根拠とする抵抗運動の指導者であり、正日氏は小白水《ソベクス》の谷にある白頭山密営で生まれたと称されている。現地では「生家」とともにそのような案内が行われているらしいが、証言などから「正日氏は旧ソ連極東生まれ説」が有力視される。自らの神格化に励む一族の側面がうかがえる。

韓国政府は三十三、三十四、三十五歳と諸説ある正恩氏について、行き詰まった内政や外交への焦り、年齢や経験不足による党幹部たちへの劣等感などから、強いストレスを抱えていると分析する。体重は一一年末の権力継承時、約八十キロだったとみられるが、ストレスによる過食から百三十キロ以上になったとみている。

権力掌握への不安から、張成沢氏をはじめ、正恩氏が政権を握った後に粛清された要人は三百人ともいわれる。異母兄の金正男《キムジョンナム》氏は一七年二月、マレーシアのクアラルンプール空港で殺害された。北朝鮮工作員の関与が強く疑われている。

先軍政治の実態

北朝鮮は深刻な経済危機に直面し、食糧などを国際社会の支援に依存する一方で軍事力強化をやめようとしない。日本の外務省によると、二〇一五年度の国防費の割合は国家予算の一五・九％にのぼる。

「全軍の幹部化」「全軍の近代化」「全人民の武装化」「全土の要塞《ようさい》化」の四大軍事路線をとり、陸軍中心で総兵力は約百十九万人。装備の多くは旧式だが、多くの軍事施設が地下化されているのが特徴といえる。

陸軍の兵力は百二万人で、三分の二を韓国との国境にあたる非武装地帯（DMZ）付近に展開する。戦車三千五百両と多連装ロケット砲、自走砲など二万千百両は非常に強力な大型火器である。非対称戦を担う特殊部隊は八万八千人とされ、北朝鮮軍最大の特徴となっている。

海軍は兵員六万人、艦艇約七百八十隻、総排水量十・三万トン。ミサイル高速艦などの小型艦艇が主力。旧式のロメオ級潜水艦約二十隻のほか、特殊部隊の潜入用の小型潜水艦七十二隻、エアクッション揚陸艇約百四十隻を持ち、韓国への上陸を想定する。

空軍は兵員十一万人で作戦機約五百四十五機。旧ソ連製の戦闘機ミグ29、スホーイ25も少数保有。特殊部隊空輸のアントノフ2輸送機も保有する(以上、出典「ミリタリー・バランス2017」)。

一九九六年五月、北朝鮮空軍の李チョルス大尉がミグ19戦闘機を操縦して韓国に亡命した。李大尉は操縦士歴十年のベテランだったが、総飛行時間は三百五十時間でしかなかった。一年に換算すれば、わずか三十五時間という飛行時間は、航空自衛隊の第一線に立つ戦闘機操縦士が技量を維持するのに必要としている年間百五十時間の四分の一以下に過ぎない。

航空自衛隊のベテラン操縦士は「空中戦の訓練ができる飛行時間とはとても思えない。おそらく離陸したり、着陸するだけで精一杯だろう」という。すると戦闘機は張り子のトラということになる。

北朝鮮兵士は、深刻な食糧不足などにより、兵士も援農作業や建設工事に動員されている。予算不足、訓練不足の中で米国と韓国の軍事力に対抗できるのがミサイルであり、核兵器であるとの結論に至ったと考えられている。

繰り返されるミサイル発射実験

北朝鮮が弾道ミサイル技術を入手したのは一九八一年、エジプトから短距離弾道ミサイル「スカッドB」を二十四機購入したのがきっかけだった。これを改良してより射程の長い「スカッドC」と中距離弾道ミサイル「ノドン」を開発した。

日本全域を射程におさめるノドンは一九九三年五月二十九日、北朝鮮南東部の東海岸にある元山《ウォンサン》から発射された。着弾地点は能登半島北方三百五十キロメートル付近と考えられている。発射の事実が日本国内で広まるのは歴代首相に仕えてきた石原信雄官房副長官のリークがきっかけだった。

同年六月十一日朝、川崎市の自宅を出て首相官邸に向かう石原氏をいつものように報道陣が取り囲んだ。すると石原氏は「日本の報道機関は取り上げませんでしたが」と前置きして、「北朝鮮はノドン1号の試射をして五百キロ先の目標にかなり正確に当てています」「能登半島沖の日本海です」と自ら北朝鮮によるノドン発射を明らかにした。

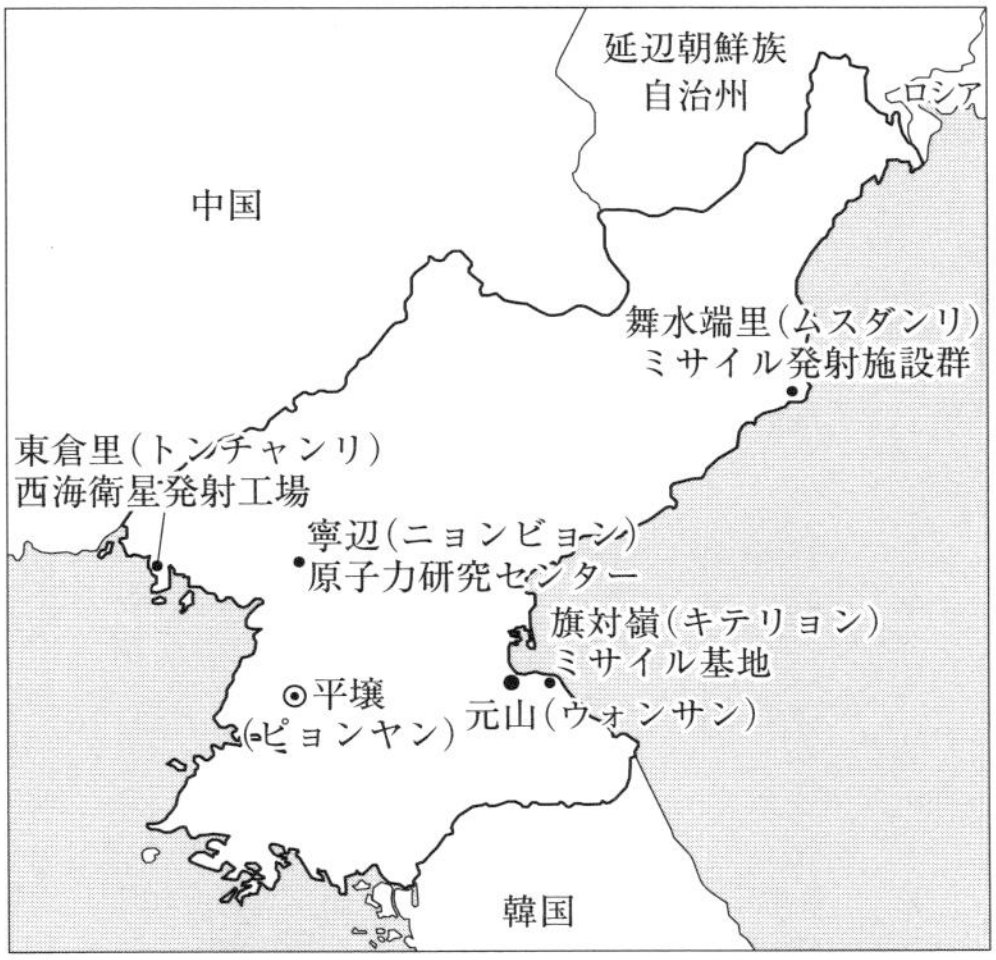

図2　北朝鮮の核・ミサイルなど関連施設

さらに石原氏はノドン1号の射程は一千キロで大阪が射程に入ること、射程千三百キロのミサイル(現在のノドン)も計画中であることなどを詳しく語り、この日の新聞夕刊は政府筋の話として「ノドン発射」を一斉に報じた。

リークの理由について石原氏は「自分の軒先にミサイルが撃ち込まれているのを気にかけない日本人の安全感覚に疑問を持った」と述べている(『毎日新聞』一九九四年八月十四日付)。

発射の徴候は、米政府から寄せられた。精密な画像撮影ができる偵察衛星が発射準備の段階を把握し、発射の瞬間は噴射熱を探知する早期警戒衛星がとらえた。発射後、航空自衛隊のレーダーサイトも探知に成功していた。

飛距離は約三百五十キロメートル。距離を延ばして日本列島に近づけることなく、高軌道で発射するロフテッド軌道だったとみられる。のちに筆者の取材に対し、機密情報を扱う陸上幕僚監部調査部第二課別室（現・防衛省情報本部）の陸上自衛隊の佐官は「米軍の情報とすり合わせて、自衛隊の観測や計算の正確さが裏づけられた」と話した。

だが、第一報が米国頼みだったことは、その後もミサイル発射が繰り返されるうち、政府部内で問題になっていく。

ノドンは一九九〇年代に早くも実戦配備されている。九〇年代に確認された発射は、九三年のこの一回だけだ。ふつうミサイルの実戦配備には何回もの試射を繰り返し、精度を高める必要があるが、北朝鮮のやり方は違った。ノドンはパキスタンとイランに輸出され、パキスタンでは「ガウリ」、イランでは「シャハブ3」と名前を変えて両国で発射された。両国で得られたデータが北朝鮮に送り返されて、ノドンの精度を高めたと考えられている。

核開発への道のり

北朝鮮の核開発の歴史は古く、四八年の建国当時まで遡《さかのぼ》る。北朝鮮は鉱物資源に恵まれ、石炭も輸出しているが、その品質は火力発電にはあまり適さず、山岳部が多い地形から水力発電が重要視されてきた。

北朝鮮による弾道ミサイル実験と核兵器の開発

1993年 3月12日	NPT(核拡散防止条約)脱退を表明.
5月29日	「ノドン」ミサイルを日本海に向け発射.
6月11日	米朝共同声明で実質的にNPT復帰.
1994年 5月12日	黒鉛減速炉から使用済み燃料棒を抽出.
1998年 8月31日	日本列島を飛び越えて「テポドン」ミサイルを発射.
2003年 1月10日	NPT再脱退を表明.
2005年 2月10日	核兵器の保有を宣言.
2006年 7月 5日	長距離弾道ミサイル7発を日本海に向け発射.
10月 9日	初の地下核実験を実施.
2009年 4月 5日	長距離弾道ミサイルを発射. 東北地方上空を通過. 日本政府, 初めて弾道ミサイル破壊措置命令を発令.
5月25日	2度目の地下核実験.
2012年 4月13日	人工衛星を打ち上げるも空中で爆発.
12月12日	人工衛星を打ち上げ, 軌道への投入に成功と発表.
2013年 2月12日	3度目の地下核実験を実施.
2016年 1月 6日	4度目の地下核実験を実施.「水爆の実験に成功」と発表.
2月 7日	人工衛星を打ち上げ, 軌道への投入に成功と発表.
9月 9日	5度目の地下核実験を実施(過去最大の爆発規模).
2017年 8月26日	長距離弾道ミサイルを日本海に向け発射.
29日	長距離弾道ミサイルを発射. 北海道上空を通過し, 襟裳岬の東1180 kmの太平洋上に落下.
9月 3日	6度目の地下核実験を実施.
9月15日	中距離弾道ミサイルを発射. 北海道上空を通過し, 襟裳岬の東2200 kmの太平洋上に落下.
11月29日	大陸間弾道ミサイルを日本海に向け発射.

日本による韓国併合当時、日本が建設した水豊《スプン》ダムは一九四四年の竣工時、出力七十万キロワットあり、現在、日本一の発電量を誇る兵庫県の多々良木《たたらぎ》ダムの最大出力百九十三万二千キロワットと比べても当時としては大規模であることがわかる。それでも近代工業を進めるには火力発電、水力発電だけでは十分ではなく、金日成主席は原子力発電に注目する。

朝鮮戦争休戦後の五六年、北朝鮮はソ連との間で朝ソ原子力研究協力協定を結び、大勢の科学者や技術者をモスクワに派遣する。六一年、平壌の北にある寧辺《ニョンビョン》に原子力研究センターの建設が開始され、六二年にはソ連から小型の研究炉と核燃料が提供された。

北朝鮮の原子力を語るとき、必ず登場するのは李升基《リスンギ》博士である。一九二〇年韓国の全羅南道《チョルラナムド》に生まれ、日本の旧制松山高等学校(愛媛県)を経て、京都帝国大学工学部に進学し、卒業後は助教授を務めた。日本人技術者とともに、現在、産業用資材として使われるビニロンの合成に成功している。

しかし、日本政府の戦争政策に協力しなかったことから治安維持法により逮捕され、終戦まで拘束された。その後、韓国へ戻り、ソウル大学校工科大学長に就任する。朝鮮戦争が勃発すると、北朝鮮へ逃れた。

北朝鮮で繊維工業の発展に尽くし、寧辺の原子力研究センターが設立されると初代所長となり、核兵器開発にも携わり、多くの技術者を育成した。

北朝鮮の核開発はこの寧辺原子力研究センターが中核となり、七九年には出力五メガワットの黒鉛減速炉の建設を始め、八六年一月には完成して電気と暖房用熱の電力供給を開始した。この間の八五年一二月には核兵器の拡散を防止する核拡散防止条約（ＮＰＴ）に加盟している。その一方で、九四年五月には核兵器の原料となるプルトニウムを抽出するため使用済み燃料棒約八千本を原子炉から取り出し、核燃料貯蔵施設に貯蔵している。

こうした経緯を振り返ると、電力供給を目的とした原発の開発と同時進行する形で核兵器の開発を進めてきたことがわかる。

金日成氏が核保有を意識した理由は推測するほかないが、古くは朝鮮戦争で米軍が核使用を検討したことではないだろうか。

南北の軍事バランスも要因として挙げられる。朝鮮戦争が休戦となった直後には北朝鮮の経済成長率が韓国を上回ったこともあったが、韓国は朴正熙《パクチョンヒ》大統領の時代に「漢江《ハンガン》の奇跡」と呼ばれる急激な高度経済成長によって逆に北朝鮮に差をつけることになった。

これにより、韓国が軍事的にも北朝鮮に優位に立つこととなり、北朝鮮は限られた軍事予算を有効活用できる核兵器の保有に力を注ぐことになったと考えられる。現代の核兵器の多くは、航空機から投下される広島型原爆や長崎型原爆ばかりでなく、地上や潜水艦から発射されるミサイルの弾頭に搭載する方式が増えており、必然的に核とミサイルは不可分の大量破壊兵器として開発が進められた。

朝鮮半島危機

韓国と北朝鮮との間では朝鮮戦争以降、長く対話の窓口さえない状態だったが、一九七〇年代に入って米国と中国が接近し、また米国とソ連との間に「デタント（緊張緩和）」が進む中で七一年八月から韓国と北朝鮮の赤十字社の接触が始まった。

両国高官が互いの国を相互訪問して極秘会談が繰り返され、七二年五月、合意文章として南北共同声明が発表された。声明には祖国統一は武力行使によらず平和的に南北間で自主的に行っていくことなどが列挙された。

しかし、その後、南北対話はラングーン事件（一九八三年、ビルマ（現・ミャンマー）訪問中の韓国の閣僚ら十七名がラングーンで爆死した事件。ビルマ政府は北朝鮮工作員によるテロと断定した）や大韓航空機爆破事件（一九八七年、大韓航空の旅客機が日本人の偽装パスポートを使った北朝鮮工作員によって飛行中に爆破された事件）などの影響で中断を余儀なくされながらも続けられ、九一年十二月、南北基本合意書が取り交わされた。合意書には七二年の南北共同声明にある自主、平和、民族大団結の「祖国平和統一・三大原則」を再確認し、南北の和解、南北の不可侵などについて合意した。

南北基本合意書が締結された翌九二年一月には「朝鮮半島非核化共同宣言」が南北によって調印された。この共同宣言は、韓国と北朝鮮は互いに核兵器の試験・製造・保有をしないこと、核エネルギーは平和目的に限定すること、核兵器の保有につながる核再処理施設建設とウラン能力施設を持たないことがうたわれた。これに従い、北朝鮮は国際原子力機関（ＩＡＥＡ）との保障措置協定に調印する。

ＩＡＥＡはこの協定にもとづき、寧辺の核施設の査察を開始し、核廃棄物施設貯蔵庫の特別査察を要求したところ、北朝鮮は拒否し、九三年三月、一方的にＮＰＴ脱退を表明する。すでに述べた通り、翌九四年五月には黒鉛減速炉から使用済み燃料棒を一方的に抽出している。

緊張が高まる中、九四年三月、板門店《パンムンジョム》で開かれた南北会談では北朝鮮側が「ソウルは火の海になるだろう」と軍事衝突の可能性について発言。国連安全保障理事会の非公式協議で経済制裁が検討されたことを受けて、北朝鮮は「制裁は宣戦布告とみなす」と猛反発し、第二次朝鮮戦争が勃発するおそれが出てきた。

これに対し、米国は寧辺にある核開発施設の空爆を計画した。その事実はペリー国防長官の九九年の証言で明らかになっている。Ｆ117ステルス戦闘機や巡航ミサイルを使って、北朝鮮の核施設を先制攻撃する計画だったという。

ペリー氏は当時の状況について、ＣＮＮのインタビューに「数日以内に、韓国に展開した兵力を大幅に増強するところまで行っていた」と語っている（『朝日新聞』一九九九年十月八日付）。

攻撃を受ければ、北朝鮮が反撃しないはずがない。第二次朝鮮戦争の勃発である。当時、在韓米軍司令部は、米軍五万二千人、韓国軍四十九万人、これに民間人を加えると死傷者は約百万人にのぼる、という見積もりを出した。

米国はベトナム戦争で五万八千人以上の戦死者を出している。米国内で反戦運動が高まり、北ベトナムの攻勢もあって米軍はベトナムから撤退する。やがて米政府は徴兵制を廃止。また膨大な戦費負担により、米ドルへの信頼が失われ、一九七一年、米ドルを基軸とした固定為替相場制のブレトンウッズ体制が終わり、世界は本格的な変動相場制に移行するきっかけになった。

一国の政策ばかりでなく、世界を揺るがすほどの影響を与えたベトナム戦争。その戦争と同規模もしくはそれ以上となるおそれがある第二次朝鮮戦争に踏み切るのか。クリントン米大統領が韓国への増兵を検討している最中、ホワイトハウスに一本の電話がかかった。電話の主はカーター元大統領だった。

単身訪朝したカーター氏は、金日成主席と直接交渉をして「枠組み合意」文書に署名した。これにより、北朝鮮はNPTからの脱退を撤回して核兵器開発を凍結することを約束し、米国はその見返りとして百万キロワットの軽水炉二基の供与と軽水炉が完成するまでの間、毎年五十万トンの重油を供与することになった。また、日米韓などが「朝鮮半島エネルギー開発機構（KEDO）」を発足させた。

問題は、米朝の枠組み合意により、核開発をとめたのはプルトニウムについてのみであり、ウランの濃縮については何の言及もなかった点にある。北朝鮮はひそかにウラン濃縮を進めていく。二〇〇二年十月、ケリー米国務次官補が訪朝した際、北朝鮮側はウラン濃縮を認めている。

これを受けて日米韓三カ国は、ウラン濃縮計画の廃棄を求める声明を出し、KEDO理事会で重油の供給停止を決定。これに反発した北朝鮮は、凍結されていたプルトニウムを含む核関連施設を再稼働させ、IAEA査察官の退去を命じた。さらに〇三年一月、北朝鮮は再びNPTからの脱退とIAEAの協定に縛られないことを表明し、議論は日米韓中ロと北朝鮮による六者協議に移るが、この協議も中断されたままとなった。

南北の閣僚級会談は二〇一八年一月九日から軍事境界線上の板門店で行われた。南北会談は韓国による開城《ケソン》工業団地閉鎖への対抗措置として、北朝鮮がチャンネルを閉鎖した一六年二月十二日以来二年ぶり。一八年二月に開催される平昌《ピョンチャン》冬季五輪への北朝鮮代表団の派遣をめぐる会談だったが、韓国大統領府は「常時対話が可能な状況に向かう」と危機管理の面から歓迎した。

一転して対米支援を決定した日本政府

朝鮮半島が緊張を高める最中の一九九三年八月、三十九年に及ぶ自民党政権が崩れ、細川護煕《ほそかわもりひろ》内閣が誕生した。翌九四年二月、ワシントンで開かれたクリントン大統領と細川首相の日米首脳会談は、日米包括経済協議、つまり経済についての協議が行われ、決裂した。

だが、首脳会談で話し合われたのは、実は朝鮮半島有事への対応だったことが後に明らかになっている。クリントン氏は細川氏に対し、「日本は米国にどこまで協力できるのか」と迫り、細川氏は「現行法のもとでは何もできない」と答えたとされる。

その後、ペリー国防長官が日本を訪問した。次期首相に内定していた羽田孜《はたつとむ》氏と会い、「戦争に突入するとは思わないが、準備はしなければならない。もし戦争になれば、在韓米軍への補給で日本の航空基地を使うことになる」と説明したところ、羽田氏は「はい、分かりました」と答えたという。羽田氏は日本国民に不必要な心配を抱かせるから、合意を公表しないよう要請した（『朝日新聞』二〇一七年十一月二十九日付のペリー氏インタビュー記事）。

日本政府はペリー氏と羽田氏とのやり取りを公表していない。「日本の航空基地」とは三沢、横田、厚木、岩国、嘉手納《かでな》、普天間といった在日米軍基地を指すとみられる。自衛隊の航空基地や民間空港の使用を打診されたとすれば、羽田氏はどう答えただろうか。

当時、日米の制服組同士の検討会がひそかに繰り返された。日本側の回答は「自衛隊による支援は困難」との態度で一貫していたが、米軍はあきらめなかった。

在日米軍司令部は、北朝鮮軍が朝鮮海峡に敷設するであろう機雷の除去や朝鮮半島で負傷した米兵の救護といった具体例を挙げ、自衛隊の掃海艇派遣や医療部隊の派遣を求めた。日本の民間空港や民間港湾を使えないかとの打診もあった。しかし、海外の戦争に自衛隊を派遣できる法律はなく、民間施設を米軍が利用できる法的根拠もなかった。

日本側のゼロ回答に米側は怒り、検討会は中断される。

九四年四月になって在日米軍司令部から統合幕僚会議（現・統合幕僚監部）に九百九十六項目もの支援要求リストが届けられた。自衛隊の海外派遣や民間空港の米軍使用から在日米軍住宅の庭の芝刈りまで、有事、平事の支援項目が取り混ぜてあった。その後、対米支援要求は追加され、最終的に一千五十九項目にまで増えた。

大量の支援項目を突きつけられ、頭を抱えていた防衛庁を救ったのは、前述したカーター元大統領の訪朝である。

だが、問題は終わらなかった。その後、クリントン大統領が中国に九日間も滞在しながら、日本を訪問しないなど、日本など眼中にないかのような米国による「ジャパン・パッシング（日本無視）」が始まったからである。

「日本は米国から見捨てられる」。そんな危機感を持った外務省、防衛庁の官僚たちが、米国の国務省、国防総省の官僚たちとの間でひそかに日米関係を改善するための議論を開始する。日米の官僚間のやり取りは、やがて具体的な対米支援の枠組みに発展していく。

最初に結実したのは九六年四月、クリントン氏と橋本龍太郎首相による「日米安保共同宣言」だった。アジア・太平洋地域には不安定性と不確実性が存在するとし、日米の安保体制をこれまでの日本および極東の範囲からアジア・太平洋地域にまで拡大した。

この日米安保共同宣言を受けて、九七年九月、「日米防衛協力のための指針（ガイドライン）」が改定され、日本周辺で行う米軍の戦争を自衛隊が支援する枠組みがつくられたのである。政府は「周辺」の定義を明示していないものの、議論のきっかけが米国による北朝鮮攻撃の検討だった以上、朝鮮半島有事を想定しているのは明らかだ。九三、九四年の朝鮮半島危機で何もできなかった日本が「憲法の枠内」というただし書き付きながら対米支援に踏み込むことになった。

一九九九年にはこのガイドラインを法律に落とし込んだ周辺事態法が制定され、朝鮮半島などで戦争する米軍を自衛隊ばかりでなく、地方公共団体や民間も含め、日本の官民挙げて支援することが可能になった。

日本政府が対米支援に舵《かじ》を切ったことの意味は大きい。朝鮮半島危機の際、米国が日本列島を後方支援基地として活用することを計画したのは、五〇年に起きた朝鮮戦争で日本を占領していた米軍が朝鮮半島へ出撃した経験があるからだろう。

傷ついた米兵は九州の日本赤十字病院などで手当てを受け、戦争に必要な米軍の戦闘服や車両は軍需品として日本で生産された。日本列島が米軍の出撃基地および後方支援基地として活用できなければ、米軍は物資調達や負傷兵の救護に窮したに違いない。

見方を変えれば朝鮮半島危機の際、日本が対米支援について、ゼロ回答を繰り返したことにより、米国が戦争を断念する要因になった可能性はないだろうか。米国の戦争を引き止めたとすれば、結果として日本政府の不作為は評価に値する。

裏を返せば、その後、ガイドラインを改定し、周辺事態法を制定したことにより、朝鮮半島における米国の戦争は現実味を帯びたことになる。

その対米支援をさらに推し進めたのは、安倍晋三政権である。二〇一五年にガイドラインを再改定し、安全保障関連法案を成立させた。これにより、米国の戦争に世界規模で自衛隊が支援可能となり、米国の戦争が「日本の存立を脅かす事態である」と時の政権が判断すれば、自衛隊が米軍を守る集団的自衛権行使が可能になった。歴代の自民党政権でさえ禁じてきた「海外における武力行使」は安倍政権下で解禁された。

ここまでみてきた通り、日米の安保体制は朝鮮半島危機から二十年余りのうちに劇的に変化した。そして目前には再び、朝鮮半島危機が迫る。予測不能なのは金正恩委員長の引き起こす行動だけではない。北朝鮮に対し「炎と怒りに直面する」と核攻撃を含む戦争を否定しないトランプ米大統領もまた、世界の不安定要因となっている。トランプ氏と気脈を通じ、二人三脚による圧力一辺倒で北朝鮮対処を推し進める安倍首相が戦争の背中を押すことにならないだろうか。

第2章　「北朝鮮の脅威」に対処しているのか
——恣意的で空虚な安保政策

ミサイル発射で強化される日本の防衛力

一九九八年八月三十一日、長距離弾道ミサイル「テポドン1号」が日本海に向けて発射された。津軽海峡付近から日本列島を越える経路を飛行し、第一段目は日本海に、第二段目は太平洋に落下した。発射からわずか十二分の出来事だった。

北朝鮮のミサイルが初めて日本列島を飛び越えた衝撃は大きかった。

小渕恵三《おぶちけいぞう》首相は安全保障会議議員懇談会を招集した。席上、額賀福志郎《ぬかがふくしろう》防衛庁長官は米国が日本側に共同技術研究への参加を求めている戦域ミサイル防衛（ＴＭＤ）構想を早急に検討する考えを表明した。

ミサイル発射の情報は在日米軍司令部から防衛庁に提供された。米国は世界で唯一、弾道ミサイルの発射熱を赤外線でとらえる早期警戒衛星を保有しており、テポドン探知も米国から一報をもらうほかなかった。日本に独自情報を収集する手段が乏しいことについて、翌九月一日、小渕首相は関係閣僚会議を開き、偵察衛星の保有・利用についても検討を始めることを決めている。

テポドン発射は米国から導入を迫られていたＴＭＤと、独自に浮上した偵察衛星というふたつの巨大武器システムの導入が同時に進むきっかけになったのである。

「金正日総書記からの贈り物」。キャンベル米国防次官補代理はＴＭＤ導入に慎重だった日本政府の空気が一変したのを見て軽口をたたいた。しかし、発射から時間が経過するにつれ、日本政府は冷静さを取り戻していった。

米国は弾道ミサイル防衛に毎年約三十六億ドルもつぎ込みながら、実験では失敗が続いていた。防衛庁は米国のＴＭＤ構想は米国が実戦配備するまで十年から十五年かかると分析。開発途上にある武器システムであり、しかも迎撃ミサイルを搭載するイージス護衛艦の改修などに一兆円の経費を要するとの試算もあった。

米国はＴＭＤ構想の前にあった戦略防衛構想（ＳＤＩ）の研究を途中で放り投げている。日本がＴＭＤ導入を決めた後に米国が開発を断念する可能性はないのか。

なによりＴＭＤは米国の早期警戒衛星からの発射情報が不可欠なシステムであり、運用は完全に米軍に委ねざるを得ない。「日米同盟のコストとして高すぎる」。そんな見解が政府全体に広がり、ＴＭＤ構想への相乗りは見合わされた。

しかし、強く迫る米国に抗しきれず、日本は翌九九年度から海上配備型上層システム（現在のＳＭ3ブロック2Ａ）の日米共同技術研究の着手を決定。防衛庁と米国防省との間で了解覚書が締結され、共同技術研究が開始された。

一方、偵察衛星の場合、米政府の態度は逆だった。国内で盛り上がる偵察衛星保有の動きに対し、米政府は強く反対した。米国の強みは日本に対し、「核の傘」を与えると同時に「情報の傘」

も提供していることにある。

　偵察衛星や早期警戒衛星が探知した情報を米国は自国の都合に合わせて、日本に提供したり、提供しなかったりすることで日本を米国の手のひらで踊らせることができた。日本が独自に偵察衛星を持てば、対米依存の度合いが低下するとみて反対したのだ。

　ところが、間もなく米政府は態度をガラリと変える。「日本の決定を米政府は支持する」との見解をさまざまなルートで日本側に伝えてきた。防衛庁幹部は「米国は偵察衛星について何十年もの積み重ねがある。「日本が独自で偵察衛星を保有できるならやってみればいい」と突き放したのだろう」と解説してみせた。

　米国の偵察衛星ＫＨ11やＫＨ12の解像度は十センチ以下とされ、地上にいる男女の性別がわかるとされている。このレベルに到達するのは容易ではない。

　偵察衛星の保有には別の壁もあった。衆院は一九六九年、宇宙を平和利用に限定する決議を全会一致で決議していたからだ。軍事目的に衛星を保有することは決議に反するため、大規模災害などの情報収集もできる多目的な衛星であるとして「情報収集衛星」の名前で事実上の偵察衛星を保有することになった。

　超望遠のデジタルカメラで画像を撮影する光学衛星と、合成開口レーダーによって曇りの日でも画像を撮影できるレーダー衛星を二機一組として、計四機二組の体制とし、最初の情報収集衛星は二〇〇三年三月二十八日に打ち上げられた。衛星の寿命や不具合などでこれまで二十八機が打ち上げられている。投じた費用は約一兆円にのぼる。

衛星画像は、防衛省敷地に隣接して建設された「内閣情報衛星センター」に集約される。撮影された画像は安倍政権が成立させた特定秘密保護法にもとづく、特定秘密に指定されている可能性が高い。同法の成立後、一三年十二月九日の記者会見で安倍首相は次のように述べている。

「今ある例えば特別管理秘密、四十二万件あります。この四十二万件のうち、九割は衛星情報です。恐らくこれは皆さんも御存じなかったと思います。私も知らなかったのですから、当たり前ですね」

安倍首相は九割の衛星情報のうち、米国から提供された情報と情報収集衛星が得た情報の割合には言及していないが、特別管理秘密の中に情報収集衛星が得た情報が含まれるのは自明だろう。特別管理秘密は特定秘密保護法の制定後、特定秘密に移行している。

日本政府は「相手に手の内を明らかにする」として情報収集衛星が撮影した一枚の画像さえ、公表していない。安倍首相は「私も知らなかった」などと、とぼけてもらっては困る。情報収集衛星導入のきっかけが北朝鮮のミサイル発射である以上、収集する画像の多くは北朝鮮のミサイル基地であり、核開発施設であることは容易に想像できる。

だとすれば、情報収集衛星が撮影した画像の多くは防衛省に提供されている。防衛省は、米国からの画像と自前のものの両方を入手できているのだ。この意味は小さくない。

米国が何らかの意図を持って、過去に撮影した画像を「昨日、撮影した」と偽って日本側に提供する事態がないとは言い切れない。情報収集衛星の打ち上げ後は、自前の画像で確認できることになり、情報の精度は格段に増したといえる。北朝鮮のミサイル発射が日本の防衛力強化につながった最初の事例である。

弾道ミサイル防衛システムを導入

二〇〇二年十二月十七日、米国の大統領官邸。ブッシュ大統領は〇四年度と〇五年度の二年間かけて、米本土を守るミサイル防衛(ＭＤ)を初期配備するとの談話を発表した。同じ日、ワシントンの国防総省を訪問していた石破茂《いしばしげる》防衛庁長官は「将来における開発、配備を視野に入れたうえで検討を行いたい」と述べ、ＭＤ導入に踏み込んだ。

ホワイトハウスの発表に石破訪米をぶつけ、用意周到にコメントを準備したのは後に防衛事務次官にのぼり詰めながらも退官後、収賄罪と偽証罪で有罪判決を受けることになる守屋武昌《もりやたけまさ》防衛局長である。

当時、舞台裏をこう話した。「出遅れないよう米国と足並みをそろえるには、積極的な意思を示す必要があった。レーガン政権から始まったＭＤ開発に米国は十兆円を投じている。同盟国として支援するのは当然だ」

翌〇三年十月、防衛費の予算案をめぐり、ＭＤ導入に積極的な守屋氏の防衛局と、他の装備品予算を優先したい管理局が対立した。自衛隊制服組は「防衛費が侵食される」と導入反対の立場だった。

靖国神社に近い中国料理店。各幕僚監部の中でもエリート中のエリートである陸海空の防衛部長三人が顔をそろえた。呼び出したのは山崎拓《やまざきたく》自民党副総裁。ＭＤ導入に賛成するよう繰り返し求め、最後は「予算が足りなくなったら、国が面倒をみるから」とたたみかけた。防衛部長の一人は「防衛庁長官を務めた山崎氏は「防衛庁のドン」。制服組が逆らえるはずがない」と振り返る。

山崎氏の協力もあり、守屋氏は自民党国防族からMD導入への賛成を取り付けた。小泉純一郎政権は十二月十九日、MD導入を閣議決定する。たったひとりの官僚が一年がかりで日本の安全保障政策を一変させた瞬間だった。

防衛官僚は「自衛隊員」である。政治にコントロールされる立場である点では制服組の自衛官と変わりない。だが、現実には防衛官僚や自衛官が政治家をコントロールする「逆シビリアンコントロール」がしばしば行われていることを守屋氏は証明してみせたといえる。

閣議決定の一カ月ほど前、東京都千代田区の憲政記念館でMD導入促進をテーマに日米の国防族議員と軍需産業が交流する「日米安全保障戦略会議」の初会合が開かれた。会場に隣接した講堂には迎撃ミサイルの「PAC3」や「SM3」の実物大模型などが展示された。出展したのは巨大軍需産業であるロッキード・マーティン、ノースロップ・グラマン、レイセオン、ボーイングの四社。いずれも米政府が発注するMDシステムの受注企業に当たる。

憲政記念館の会議を仕切ったのは、日米の政界と米国の軍需産業をつなぐ防衛ロビイストの秋《あき》山直紀《やまなおき》氏である。外務省所管の社団法人「日米平和・文化交流協会」の専務理事を務め、同時に「安全保障議員協議会」の事務局長を兼ねていた。

秋山氏は毎年五月の大型連休時に与野党の国防族議員を引き連れて訪米し、米国防総省や軍需産業を訪問する。そこで米国版の日米安全保障戦略会議を開催、そして秋には場所を東京に移し、二回目の会合を開くのが恒例だった。

二〇〇七年十一月、参院外交防衛委員会で行われた証人喚問で、守屋氏は秋山氏から声をかけられ、自分のほか、自民党国防族の久間章生《きゅうまふみお》元防衛相、防衛商社の宮崎元伸《みやざきもとのぶ》氏（贈賄罪で有罪判決）、秋山氏の四人で酒を飲んだと証言した。「政官財トライアングル」の見本市のような顔ぶれである。

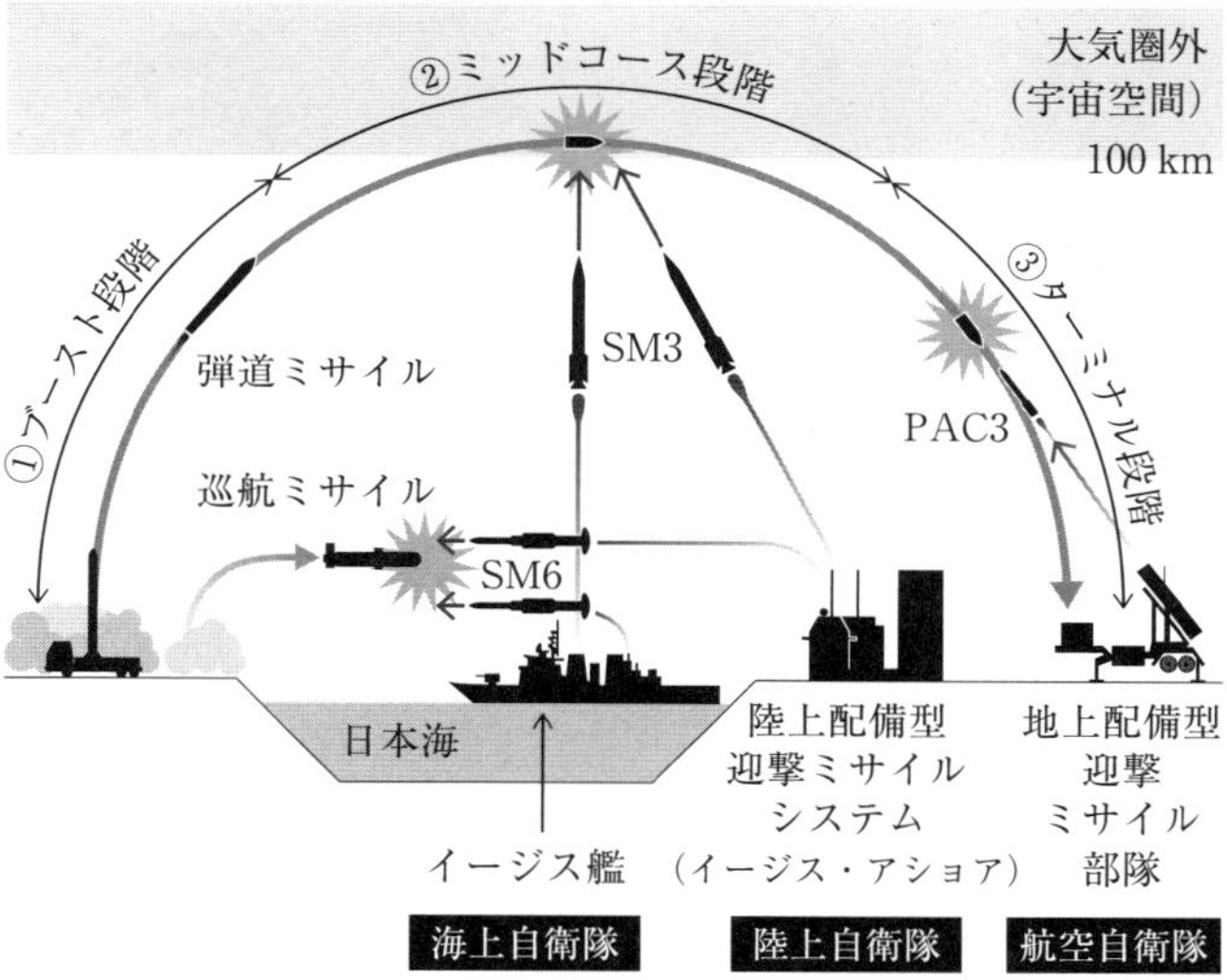

出典：『朝日新聞』2018 年 1 月 16 日付などをもとに作成

図 3　日本のミサイル防衛（MD）整備・運用構想イメージ

久間氏の役割は財界への口利き役だった。自民党政調会長だった〇三年五月、国内最大手の防衛産業である三菱重工業の社員を伴って訪米し、ＭＤシステムを構成するＰＡＣ３、ＳＭ３の国内生産を認めるよう米政府に要請している。のちに米政府はＰＡＣ３の生産を認め、久間氏の地元長崎にも工場を持つ三菱重工業でＰＡＣ３の生産が開始された。ＰＡＣ３の米国価格は一発約五億円、国内国産により一発約八億円と高騰したが、完成品はすべて防衛省に納入さ

東京・市ヶ谷の防衛省に配備されたPAC3（2014年3月19日，著者撮影）

れている。

二〇〇七年十二月、MD対応艦に改修されたイージス護衛艦「こんごう」によるSM3の試射実験がハワイで行われた。SM3は当時、一発約二十億円（価格は非公表。現在は三十億円ともいわれる）、標的になった模擬弾道ミサイルを含め総額六十億円の試験費用が米国に支払われた。

防衛省は一八年度防衛費を含めるとMD配備におよそ一兆八千五百億円を投じている。その多くは守屋氏の言葉通り、開発に十兆円かけた米国に支払われ、米政府の財政を潤した。だが、百発百中で弾道ミサイルを迎撃するのは不可能である。費用対効果が疑わしいことから、日本ほどMDを本格的に導入した国は世界中どこにもない。韓国が配備して中国との関係が悪化した高高度迎撃ミサイル「THAAD（サード）」は在韓米軍が配備したものであり、韓国軍の武器ではない。ルーマニアに置かれたイージス艦の地上配備型「イージス・アショア」はNATO（北大西洋条約機構）軍のメンバーである米軍が配備している。

「こんごう」による試射後、会見した米国防総省ミサイル防衛庁のオベリング長官は「米国と

ＭＤ配備を議論している国は十二カ国ある。日本がリーダーシップをとってくれている」と述べ、最上客である日本を高く評価した。日本は、米国にカネを貢ぐばかりでなく、米国の政策のお先棒を担ぐ「都合のよい国」といえるだろう。

沖縄・石垣島市街地を走る PAC 3 発射機(2012 年 4 月 5 日，著者撮影)

離島防衛に利用されたミサイル防衛システム

北朝鮮は二〇一二年三月、「人工衛星「光明星3号」を発射する」と飛行経路を含めて発表した。防衛省は落下に備え、地対空迎撃ミサイルＰＡＣ3を四月五日、沖縄県の石垣島に配備した。送り込まれた自衛隊員は総勢四百五十人。石垣島を含む南西諸島へは陸上自衛隊の部隊配備が浮上しており、「自衛隊常駐の地ならし」との批判の声が地元から上がった。

同日午前七時、海上自衛隊の輸送艦「くにさき」が石垣港に到着した。ＰＡＣ3関連の車両三十二台が、展開先の埋め立て地を目指して市街地を走り抜ける。「何が起きたの?」。南国のリゾート地に似合わない緑色のいかつい車体を見て、観光客がささやき合う。携帯電話のカメラを向ける人もいる。

三日には別の自衛隊車両も同じルートを通った。PAC3を置くことになる埋め立て地に直接、陸揚げできるにもかかわらず石垣港に入り、わざわざ遠回りして市街地を通ったところに「地元の目を慣らす狙い」(比嘉《ひが》真一《しんいち》石垣市職員労働組合書記長)がうかがえた。

政府は一〇年十二月に閣議決定した「防衛計画の大綱」で中国を意識した「南西防衛」を明記した。沖縄本島には陸海空の三自衛隊が揃うものの、南西諸島には、宮古島のレーダーサイト以外に常駐する部隊はなかった。防衛省は与那国島《よなぐにじま》に沿岸監視隊を置くと公表し、石垣島や宮古島への陸上自衛隊の部隊配備を検討していた。

宮古島には三日にPAC3と隊員約二百人、与那国島には五日に隊員約五十人が送り込まれた。比嘉氏は「これはおかしい。北朝鮮が予告した軌道下にある多良間《たらま》島《じま》に派遣されたのはたった二人の連絡要員だけ。一方で防衛省が常駐を検討するすべての島に大人数の隊員が送り込まれた」と指摘した。

しかし、自衛隊配備に反対する労組や平和団体は、組織的な反対運動をしないことを決めた。八重《やえ》山《やま》地区労組協議会の波照間《はてるま》忠《ただし》議長は「北朝鮮に対して不安な気持ちでいる住民の感情を考えれば、おおっぴらに反対ともいえない」と島の空気を代弁してみせた。

石垣島では二年前の一〇年二月の市長選で、保守系新人の中山義隆氏が革新系現職に圧勝した。すると翌年、中学の公民教科書をめぐって異変が起きた。石垣市と町長が自衛隊誘致を打ち出した与那国町が「戦後の日本の平和は、自衛隊の存在とともに米軍の抑止力に負うところも大きい」と記述した「新しい歴史教科書をつくる会」系の育鵬社《いくほうしゃ》版を採択したのだ。

石垣市ではその後、米軍掃海艇の寄港、自衛隊の災害派遣訓練と続き、この日のＰＡＣ３配備を迎えた。石垣市のホームページには「ＰＡＣ３配備は自衛隊配備につながるものでは一切ありません」と防衛省を代弁する言葉が掲載され、かえって狙いは自衛隊配備にあると印象づける結果になった。

自衛隊が南西諸島に大展開する中、「光明星３号」は一二年四月十三日、発射されたが、打ち上げは失敗し、黄海に落下。次に北朝鮮は再度、発射を予告。同年十二月十二日、東倉里《トンチャンリ》の西海衛星発射場から打ち上げられ、衛星部分は地球の周回軌道投入に成功した。防衛省は四月の発射時と同様にＰＡＣ３を宮古島、石垣島に配備し、与那国島に自衛隊を展開した。

民主党政権から自民党政権に戻って一年後の一三年十二月、政府は「防衛計画の大綱」「中期防衛力整備計画」を改定した。安全保障政策に大きな変更はなく、むしろ中国対処が鮮明となり、宮古島と石垣島、鹿児島県の奄美大島《あまみおおしま》へのミサイル部隊配備を正式に盛り込んだ。

北朝鮮のミサイル発射に合わせて部隊を展開した島々への部隊配備が始まったのである。与那国島では一六年三月、与那国沿岸監視隊が発足した。宮古、石垣両島では市長らがミサイル部隊の受け入れを容認する姿勢をみせている。

防衛省が「国防上の理由」を掲げて配備を進めるのに対し、受け入れる島の反応は違う。与那国町の外間守吉《ほかましゅきち》町長は「私は中国の脅威とか抑止力については一言も言っていない。常に経済優先」（二〇一四年三月町議会）と述べ、誘致は「島おこし」だったことを隠そうとしない。宮古、石垣両島にも国からのカネを当て込む人々がいる。

自衛隊が来れば地方自治体は発展するのだろうか。九州と朝鮮半島の間にあり、陸海空の三自衛隊が配備されている対馬《つしま》(長崎県対馬市)をみると、一九六〇年の国勢調査で人口は六万九千五百五十六人だったが、二〇一〇年の同調査では三万四千四百七人と五十年間で半減している。

宮崎県えびの市の場合、人口減少に歯止めをかけようと陸上自衛隊を誘致し、八一年に「えびの駐屯地」が開設された。一時的に歯止めがかかったものの、その後、再び人口減少に転じた。同市がまとめた「えびの市過疎地域自立促進計画」は「過疎化の要因として最も大きいと考えられるのは「就業の場の不足」である」と断じている。付け焼き刃に等しい自衛隊誘致では過疎化対策にならないことを先行した自治体が教えてくれている。

自衛隊を原発と重ねる見方がある。原発の場合、建設が決まると地元自治体に莫大な交付金が入る。完成後は交付金の代わりに固定資産税が入るが、減価償却が進むと少なくなって税収が減る。次に出てくるのが原発の増設である。自治体にとって一度始めたらやめられない、いわば「麻薬」が原発というわけだ。自衛隊も「カネの成る木」である点では同じかもしれない。

カネで目隠しされているのだから、現実が見えるはずがない。南西諸島への部隊配備の狙いは、軍事力を強める中国への対処にあるにもかかわらず、地ならしに利用されたのは北朝鮮のミサイル発射というちぐはぐぶり。住民に「他国の脅威」を刷り込み、「役に立つ自衛隊」を差し出すあざとい演出に拍手喝采する人もいるのだ。

防衛省が行う印象操作

北朝鮮が進めるミサイル・核開発に警戒が必要なのはいうまでもない。これまでみてきた通り、政府は北朝鮮のミサイル発射に対抗してきた。具体的には①情報収集衛星の保有、②米国からの弾道ミサイル迎撃システムの導入、③沖縄の離島への自衛隊配備の地ならしの疑い、などである。日本上空を通過するミサイルに落下の危険があるというなら、その危険性はどの国のミサイルであれ、ロケットであれ、質的に変わるはずはない。そう考えるのが常識であろう。ところが、日本政府にその常識は通用しないのだ。

韓国政府は二〇一三年一月三十日に三回目となる人工衛星「羅老《ナロ》3号ロケット」を打ち上げると発表した。前年十二月に発射された「光明星3号」と称する北朝鮮の弾道ミサイルに近い軌道を通り、沖縄の南西諸島上空を通過することになるが(**図4**)、小野寺五典防衛相は打ち上げ失敗という不測の事態に備えて地対空迎撃ミサイルPAC3を南西諸島に配備することをしなかった。PAC3を配備した北朝鮮の場合とどこが違ったのだろうか。

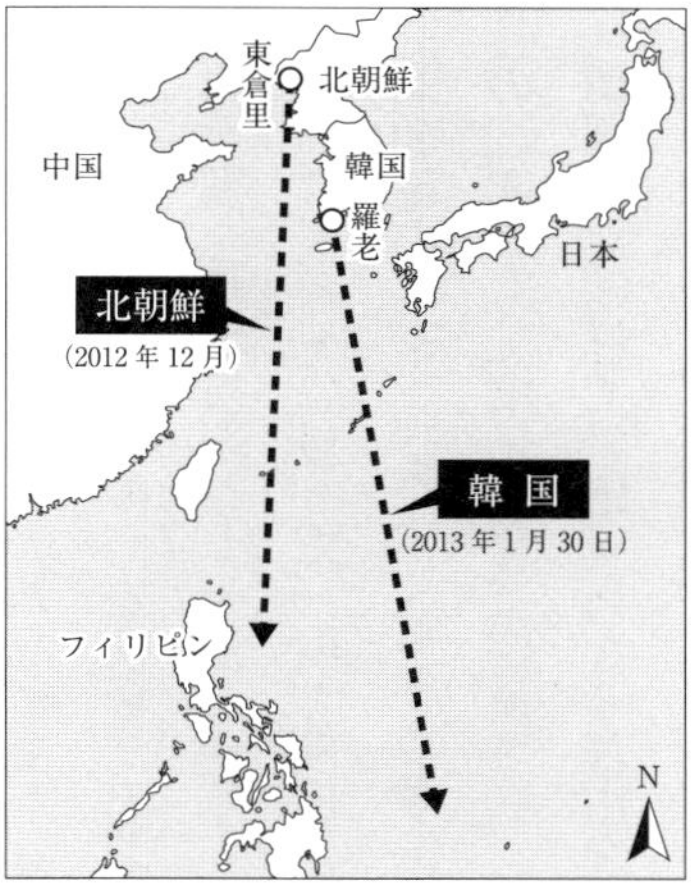

図4　北朝鮮「光明星3号」と韓国「羅老3号ロケット」の飛行経路

発射が予定された韓国の羅老3号ロケットは〇九年八月の1号、一〇年六月の2号と同じく韓国南部の羅老宇宙センターから発射された。過去二回とも軌道投入に失敗、1号の破片はオーストラリアの地上に落下したとされる。

防衛省はMD導入後、自衛隊法を改正して国内に重大な被害が生じる可能性がある場合に、首相の承認を得て防衛相が弾道ミサイルの破壊措置命令を出せるようになった。しかし、防衛相は韓国のロケットに対して一度も破壊措置命令を出していない。

北朝鮮の場合、「人工衛星」と称して弾道ミサイルを発射した〇九年四月、一二年四月と十二月の三回とも破壊措置命令が出され、自衛隊は東北地方や南西諸島で迎撃態勢をとった。

韓国と北朝鮮で対応が異なる理由を、防衛省事態対処課は「韓国の場合、発射日時、目的など正確な情報が日本政府に提供されている。北朝鮮とは危険度が違う」と説明する。だが、北朝鮮は一二年十二月、予告期間に発射し、予告通りの落下地点三カ所に推進装置などを正確に落下させた。何らかの物体を地球周回軌道に投入することにも成功、オーストラリアの地上に一部が落下した韓国よりも高度なロケット・ミサイル技術を実証してみせた。

防衛省幹部は「何をやるか分からない北朝鮮と、日米と連携する韓国とは同列視できない」と釈明するが、これはおかしい。北朝鮮は過去一度も日本を攻撃対象と称してミサイルを発射したことはないし、破壊措置命令は攻撃の意思のあるなしにかかわらず、日本領域に被害を与えるおそれがある場合に発令されることになっている。

「万一の事態に備える」はずの防衛省が国によって対応を変えるのは「二重基準《ダブル・スタンダード》」というほかない。北朝鮮をことさらに敵視する一方、北朝鮮のミサイル発射を防衛力強化に結びつけたい思惑が見え隠れしている。

「敵基地攻撃能力」を保有へ

防衛省は二〇一七年十二月、航空自衛隊の戦闘機に搭載する長射程の巡航ミサイルを導入する関連経費約二十二億円を一八年度予算案に追加要求した。他国の敵基地攻撃が可能なミサイルで、専守防衛から逸脱するおそれが高まった。

導入を目指すのは射程九百キロから五百キロまでの米国製やノルウェー製の三種類のミサイル。防衛省は日本に侵攻する敵艦艇や上陸部隊への攻撃を想定していると説明する。長射程のため、日本海上空や東シナ海上空の戦闘機から発射すれば北朝鮮や中国まで届く。

小野寺防衛相は記者会見で「敵基地攻撃を目的としたものではなく、専守防衛に反するものではない」と強調したが、一七年三月、敵基地攻撃能力の保有を政府に求めた自民党の検討チームの中心メンバーは防衛相就任前の小野寺氏だった。自作自演で願いを成就させたことになる。

敵基地攻撃について、これまで政府は「他に手段がない場合」であれば、「法理上は憲法が認める自衛の範囲」で可能との見解を示してきた。その一方で、日本の基本政策である専守防衛との整合性から、攻撃は米軍に任せて自衛隊は守りに徹し、敵基地攻撃能力は保有しないはずだった。

変化の兆しは一七年八月に省議決定した一八年度防衛費の概算要求に現れた。あらたに「島嶼《とうしょ》防衛用高速滑空弾（ミサイル）」と「島嶼防衛用新対艦誘導弾（ミサイル）」という二種類のミサイルを開発する予算を計上したからだ。「島嶼」とあるものの、どちらも長射程のミサイルであり、敵基地攻撃への転用は難しくない。

年末になって、二種の国産開発のミサイルに加え、完成品の輸入を打ち出したのは八月と九月に北朝鮮が北海道上空を横断する経路で長距離弾道ミサイル「火星12」を打ち上げたことが「追い風」になった。防衛省はイージス艦のシステムを地上に配備するイージス・アショアも一八年度防衛費の成立を待つことなく、一七年度防衛費の補正予算で導入を前倒しした。

長射程ミサイル、イージス・アショアとも米国製のため、一七年一一月にトランプ米大統領が訪日した際、安倍首相と約束した「米国製武器の追加購入」に合致する。いわゆる「北朝鮮の脅威」は日米両国の軍需産業を潤し、底なしの軍事力強化に直結している。

核兵器禁止条約に不参加の日本

核兵器の全廃と根絶を目的とした核兵器禁止条約が二〇一七年七月七日、国連本部で開かれた条約交渉会議で採択された。広島と長崎への原爆投下から七十二年目の夏。「ヒバクシャにもたらされた苦痛」との一節が前文に入ったにもかかわらず、日本政府は会議をボイコットした。

七日の交渉会議には国連加盟百九十三カ国中百二十四カ国が出席。投票の結果、百二十二カ国が賛成した。条約は核兵器の使用、開発、実験、保有、移転などを幅広く禁止し、核使用をちらつかせる「脅し」の禁止も最終的に盛り込まれた。

日本はボイコットの理由について、会議初日の三月二十七日、高見沢《たかみざわ》将林《のぶしげ》軍縮会議代表部大使が「交渉には核軍縮での協力が不可欠な核兵器保有国（米英仏露中の五カ国）が加わっておらず、実効性がない」旨、演説している。

また高見沢氏は核兵器とミサイル開発を続ける北朝鮮に触れ、禁止条約で脅威は解決できず「現実の安全保障を踏まえずに核軍縮は進められない」と主張した。要するにトランプ米政権が「ならずもの国家」と呼ぶような国は核兵器で対抗するほかないと言っているのに等しい。いつから日本は平和国家の看板をかなぐり捨て、武力の信奉者になったのだろうか。

ある時から、日本政府代表が消えた会議場の日本の席に折り鶴が置かれるようになった。ある日は翼に英語で「あなたがここにいてほしい」と書かれていた。折り鶴は平和のシンボルで、オバマ米大統領が一六年五月に広島を初めて訪問した際、自ら作った折り鶴を広島市に残している。国連の席に置かれた折り鶴は、唯一の戦争被爆国でありながら会議をボイコットした日本に対する落胆と批判のメッセージにほかならない。

二〇一七年のノーベル平和賞は、国連の会議で核兵器禁止条約が採択されるよう運動を展開した国際ＮＧＯ「ＩＣＡＮ（アイキャン）」に送られた。授賞式の講演で、メンバーの一人で被爆者のサーロー節子さんは「兵器は必要悪ではなく、絶対悪なのです」と言い切った。

相手国が核兵器を持っている、だから自国も核兵器で対抗するとの「核には核を」との論理を信奉する限り、核兵器は世界から消えることはない。自らは地球を何回も壊滅できるほどの核兵器を保有しながら、北朝鮮の核保有は問題視する。そんな一方的なあり方に北朝鮮は強く反発している。核兵器そのものを根絶する国際社会の取り組みを無視して北朝鮮に核放棄を迫る手法を結実させるのは容易ではない。

第3章 「北朝鮮の脅威」にどう向き合うか

北朝鮮の狙いをどう読むか

北朝鮮は、核兵器開発を隠すことをやめた。二〇〇五年に核兵器製造を公言し、一二年に改正した憲法で、自らを「核保有国」と明記した。一三年二月、三回目の核実験後、「自衛的核保有国の地位をさらに強固にすることについての法」を定め、自らの「核保有国」としての地位を国際社会に認めさせようとした。

国内に向けては、一六年五月の第七回朝鮮労働党大会で、金正恩党委員長が党中央委員会事業総括報告の中で自国をあらためて「核保有国」と位置づけ、「自衛的な核武力を質・量的にさらに強化していく」と述べている。

国際社会において核兵器保有国としての地位を確立させることにより、米国との交渉を優位に進め、見返りを得ようとする戦略とみられる。

金正恩委員長の究極の目標は「金王朝」の維持であり、米国の核の脅威に対抗するには核抑止が不可欠との考えに立つ。米国、韓国に対し、通常戦力で対等の立場になるのは不可能と割り切り、その一方で、イラク、リビアが米国などの攻撃により体制崩壊したのは核抑止力がなかったからだと断定している。そのことは以下の記事からわかる。

「イラク・リビアの事態は、米国の核先制攻撃の脅威を恒常的に受けている国が強力な戦争抑止力を持たなければ、米国の国家テロの犠牲、被害者になるという深刻な教訓を与えている」（朝鮮労働党機関紙『労働新聞』二〇一三年十二月二日付）

そして一七年四月六日、地中海に展開していた米イージス艦二隻が五十九発の巡航ミサイルをシリア空軍の航空基地に撃ち込んだシリア攻撃に際し、同月八日付の「朝鮮民主主義人民共和国外務省スポークスマン談話」は次のように述べている。

「超大国だと自任しつつ、奇妙にも核兵器を持っていない国ばかりを選んで横暴に殴りつけてきたのが歴代の米行政府であり、トランプ行政府もやはり少しも異なるところがない」

北朝鮮の核保有は、米国の攻撃を避ける強力な抑止力と考えていることが北朝鮮のメッセージで明らかになった。最終的な狙いは何なのか。

二〇一三年七月二日、第二十回東南アジア諸国連合（ASEAN）地域フォーラム（ARF）閣僚会合に出席した北朝鮮の朴宜春《パクウィチュン》外相の演説は次の通りだ。

「米国の敵視政策の清算は、わが共和国に対する自主権尊重に基づいて米朝間の平和協定を締結し、各種の反共和国制裁と軍事的挑発を終えるところからまず始めるべきである」

朝鮮戦争は一九五三年に休戦となったが、終戦ではない。米国と北朝鮮との間で平和協定は結ばれておらず、いつ戦争が再開されてもおかしくない不安定な状態が半世紀以上も続いている。この間、米国は直接の脅威とも思われないイラクを先制攻撃し、リビアやシリアの体制崩壊を後押しする形で空爆に踏み切っている。

米国の攻撃から逃れようと核・ミサイル開発に突き進んだのがイランと北朝鮮だった。だが、イランは二〇一五年七月、米国を含む主要六カ国との間で核査察に合意、核開発のペースは大幅にダウンした。また核保有が公然の秘密とされるインド、パキスタン、イスラエルは最初からNPTに加盟していない。一方、NPTからの脱退を表明し、核開発を進めるのは北朝鮮一カ国となっている。米国は、北朝鮮の核保有を認めた場合、NPTを脱退さえすれば、核開発が認められるとの誤ったメッセージとなることを懸念している。

だが、北朝鮮が目標とするのは米国に戦争を仕掛けることではない。核弾頭を搭載できる大陸間弾道ミサイル(ICBM)を保有することにより、米国から先制攻撃を受けることのない抑止力を持ち、北朝鮮の現体制を維持するという保障を取り付けて平和協定を締結することにあるのは明らかだろう。

このままでは米国と北朝鮮は水と油のように決して混じり合うことはないようにみえる。

せめぎ合う米国と北朝鮮

ミサイル発射を繰り返す北朝鮮とこれを探知し、非難する米国という対立の図式は、北朝鮮がいつ米国の安全保障上の懸案になるかを図るバロメーターでもある。

米国防総省は二〇一三年五月二日、北朝鮮の安全保障戦略や軍事力に関する初めての年次報告書を議会に提出した。報告書は北朝鮮の戦略が「核保有国の地位」を米国に認めさせることにあり、金正恩氏が核やミサイルを手放す可能性は低いと指摘した。

当時のオバマ大統領の北朝鮮政策である核の放棄後に話し合い決着を図る「戦略的忍耐」は、実を結びそうもないことを米政府が認めていたことになる。

報告書は北朝鮮が核・ミサイル実験を続ければ、米国に到達できる核弾頭を搭載したＩＣＢＭの獲得に近づくと警告した。

北朝鮮のミサイル開発のペースは米国の懸念通り、進展している。

米国防総省が報告書を提出するより七年前の〇六年七月五日、北朝鮮から七発の弾道ミサイルが日本海に向けて発射された。うち六発は数分後に日本海に落下した。発射時刻と発射場所、ミサイルの種類、着弾時刻、落下地は次の通り。

三時三十三分	旗対嶺《キテリョン》	スカッドＣ	三時四十分	日本海
四時四分	旗対嶺	ノドンかスカッド	四時十分	日本海
五時一分	舞水端里《ムスダンリ》	テポドン２号	四十二秒後に墜落か爆発	
七時十分	旗対嶺	スカッド	七時二十分	日本海
七時三十分	旗対嶺	ノドン	七時三十六分	日本海
八時二十分	旗対嶺	ノドン	八時三十分	日本海
十七時二十二分	旗対嶺	ノドンかスカッド	十七時二十八分	日本海

六発が北朝鮮東南部のミサイル基地・旗対嶺から発射され、一発が東北部のミサイル発射施設群がある舞水端里から発射されている。この一発は北朝鮮が一九九八年から開発を始めたＩＣＢＭのテポドン２号とみられる。発射から四十二秒後に失速し、失敗に終わった。残り六発は移動

式発射台から打ち上げられ、ほぼ同一の海域に落下した。

この七発連射の特徴は、①最後の一発を除いて、一定の間隔で発射した、②射程の異なる複数のミサイルが一カ所に集中して落下した、③発射地点を二カ所に散らしている、④移動式の発射台を使っている、など実戦的なミサイル発射だったことが挙げられる。

発射地点が分散され、しかも移動式の発射台から時間差で発射されることの意味は小さくない。米国が開発したミサイル迎撃システムの防御網を打ち破る方法を北朝鮮が知っていると解釈できるからだ。例えば、迎撃ミサイルを搭載したイージス艦の場合、はるか遠方から発射されるミサイルを探知するためレーダー波を極端に絞り込む。このレーダー波がとらえているミサイルに対して迎撃ミサイルを発射するため、次々に弾道ミサイルを発射された場合、後続の弾道ミサイルは探知できないことになる。

また、イージス艦のレーダー波を発射基地に向けておく必要があるため、複数の基地からの発射や移動式発射台からの発射には対応できないことになる。

米政府は七発連射に対抗して二発連射の模擬弾道ミサイルを標的にしてイージス艦による迎撃実験を実施し、二発とも迎撃に成功した。テストに立ち会った防衛省幹部によると模擬弾道ミサイルの発射の間隔は「ポーン、ポーンと発射され、それほどの間隔は空いていなかった」という。二発ともレーダーの枠内にとらえられるよう、あえて短い間隔で模擬弾道ミサイルを発射したのかもしれない。

米国防総省は一七年五月三十日、米カリフォルニア州のバンデンバーグ空軍基地から発射した地上発射型迎撃ミサイルが、西太平洋のマーシャル諸島クワジェリン環礁から発射されたＩＣＢＭの模擬弾道ミサイルを撃ち落としたと発表した。北朝鮮がＩＣＢＭの開発を急ぐ中、米本土を防衛するための迎撃ミサイルの発射試験に成功したというのだ。

すると北朝鮮は二カ月後の七月四日と二十八日に射程一万キロを超え、米国まで届く可能性のある「火星14」をそれぞれ発射した。米国の迎撃網などモノともしないというメッセージといえる。

北朝鮮の弾道ミサイル発射と米国がこれに対抗する迎撃ミサイル実験は、まるで矛《ほこ》と盾《たて》の関係にあるようにみえる。それは「矛盾《むじゅん》」である。どちらかが焦れば、戦争の火ぶたが切って落とされることになるのではないか。

日本に波及する戦争

朝鮮半島でひとたび戦争が起きれば、日本にも波及する。一九九三、九四年の朝鮮半島危機の際、石原信雄官房副長官はひそかに内閣安全保障室、外務省、防衛庁、警察庁に検討を指示した。防衛庁では陸上、海上、航空の三自衛隊を束ねる制服組のトップ、統合幕僚会議（現・統合幕僚監部）がひそかに一冊の計画書をまとめ上げた。「指定前秘密」の印が押され、いわゆる極秘文書として防衛庁の金庫に保管された。

文書の名称は「Ｋ半島事態対処計画」。実は、この文書は折に触れて、見直され、現在も統合幕僚監部が活用している。統幕の佐官は「北朝鮮はロシアや中国から突き放され、どこからも軍事援助を受けられないでいる。戦力は当時と変わりなく、計画は今でも有効です」と断言する。米国が再び、北朝鮮を攻撃する機会をうかがう情勢になれば、文書は金庫から取り出され、日の目を見ることになるというのだ。

私たちの運命を握る極秘文書をのぞいてみる。分厚い文書の目次には、「研究の目的」「研究の前提」に続いて十二項目の研究内容が並ぶ（以下、〔　〕内は著者による）。

①K〔朝鮮〕半島に関する情報活動の強化、②沿岸、重要防護対象の警備、③K半島情勢に伴う警戒態勢の強化、④黄海～日本海海域における経済制裁、⑤在C〔韓国〕邦人のエバキュエーション〔救出〕、⑥難民対策、⑦西日本地域におけるTBM〔戦域弾道ミサイル〕対処、⑧多国籍軍兵士の救難、⑨共同訓練、⑩在A〔日本〕のB〔米国〕軍に対する後方等の支援、⑪軍事亡命対策、⑫SLOC〔海上交通路〕の防護

いずれの項目も起こりうる事態を想定し、数量化して具体的に見積もり、これに対処する自衛隊の能力を突き合わせて、結論を出している。全編を貫く縦軸として、北朝鮮のNPT脱退から自衛隊の防衛出動に至るまでの時間の流れを五つの警戒態勢に分類し、時系列に沿った検討がなされている。

自衛隊は、北朝鮮による日本侵攻のシナリオをどう見積もっているのだろうか。対日攻撃シナリオは「Y〔北朝鮮〕の作戦能力」の項目に詳述され、それは意外な言葉から始まっている。

「潜水艦、小型艦艇、漁船等によるゲリラ・コマンドウ〔正規軍の特殊部隊〕攻撃能力は有するが、C〔韓国〕と対峙する状況から対A〔日本〕作戦に陸上兵力を抽出することは困難。航空機・艦艇の

援護能力や経空・経海能力から対A着上陸作戦能力はないものとみられる」

解説すると、北朝鮮による日本攻撃は、韓国との戦争または朝鮮半島の情勢が緊迫した時点で起きるとの前提に立ち、北朝鮮は韓国との戦いに相当な陸上兵力を割かれるとしている。そうした状況を別にした場合でも航空、海上戦力が脆弱なので北朝鮮に日本を本格侵攻する軍事力は存在しないというのである。

金正恩委員長は金正日総書記の掲げた軍隊を重視して強化することを優先する「先軍政治」を継承している。問題はその質にある。北朝鮮情勢に詳しい防衛省幹部は「航空機や戦車の大半は旧式で、今や陳腐化しています。燃料や部品の不足から動かない武器も数多くある」という。

それればかりではない。百二万人いる陸上兵力の三分の二は韓国との国境にある軍事境界線にまるで張りつくように配備されている。韓国との緊張が高まれば高まるほど、軍事境界線から動けないというジレンマを抱えている。

装備の新旧にかかわらず、深刻なのは燃料が不足し、訓練がままならない点にある。使えない、動かない、というないない尽くしの中で、注目すべきは、八万八千人という世界に例を見ない大規模な特殊部隊の存在であろう。非合法の情報収集や破壊工作に携わる専門部隊で、潜入に使う小型潜水艇やエアクッション揚陸艇、レーダーに映りにくい木製のアントノフ2輸送機を百機以上、保有している。

別の航空自衛隊の操縦士は「アントノフ2が特殊部隊を乗せて一斉に日本を目指したら、頼りになるのは自分の目だけ。何機かは撃ち漏らし、特殊部隊の潜入を許すことになるかも知れない」と「ローテク兵器」の脅威を話す。スカッドERやノドンといった日本列島を射程におさめる弾道ミサイルも見逃せない。

こんな北朝鮮が日本攻撃に踏み切るとしたら、どのような戦闘様相となるのか。

「Yの作戦能力」は、陸上戦力として「一個軽歩兵旅団を指向できる」と書いている。軽歩兵旅団は、約一万人からなる歩兵部隊で、小銃のほか、機関銃や迫撃砲などで武装し、想定される行動として文書は「主要港湾施設や水中固定機器の破壊活動」を挙げる。

水中固定機器とは海上自衛隊が日本列島の沿岸や対馬、津軽など主要海峡の海底に設置している音響監視システム(SOSUS)のこと。海上自衛隊は警備所と呼ばれる海に近い施設でSOSUSが拾った船舶ごとに異なる音紋《おんもん》と呼ばれるスクリュー音を分析し、どの船舶やどの潜水艦が、いつどこを通過したのか航行状況をひそかに記録している。

海からの不法侵入を見張る防犯装置ともいえる機器が破壊されたらどうなるのか。工作船に乗った特殊部隊の上陸が格段に容易になるし、潜水艦の行方もつかめなくなる。特殊部隊が港湾施設を次々に破壊して船舶の入港を妨害したり、潜水艦が魚雷で輸送船を次々に撃沈する事態になったりすれば、食糧や原油の輸入がストップし、国内がパニック状態に陥るのは必至だろう。

十四万人の陸上自衛隊に対し、一万人という少ない兵員でも効果的に戦う方法を北朝鮮軍は承知している、というのが自衛隊の分析といえる。

海上兵力について、「Yの作戦能力」は「艦艇は主として防御的性格を有し、その行動は、K半島周辺に限定されているとみられ、外洋作戦能力はまだ低い」としながらも、「潜水艦約十隻のほか、少数の小型艦艇を指向できる」としている。予想される作戦行動としては「港湾外域における機雷敷設、潜水艦などによる船舶攻撃」を挙げる。

さらに航空兵力をみると「爆撃機および戦闘機の一部が西A（日本）の一部目標に対し、限定された攻撃能力を有する」と分析。具体的には「軽爆撃機約六十五機、戦闘機約百二十五機を指向できる」とし、そうした航空機の任務は、やはり「重要船舶・施設などに対する攻撃、航空機による機雷敷設」としている。

これらを総合すると、北朝鮮の陸、海、空軍は一致協力して徹底的に民間船舶の航行を妨害し、日本を兵糧攻《ひょうろうぜ》めにして孤立させる戦術を取ることになる。防衛省関係者は「そんな事態になれば、国内は混乱し、北朝鮮で戦う米軍の支援どころではなくなる。厭戦《えんせん》気分が高まって「米軍がいるから日本が攻撃される」と日米安保条約の破棄を主張する声さえ出かねない」と懸念を示す。

米国や韓国と戦火を開くか、朝鮮半島が情勢緊迫状態にあり、日本攻撃に多くの兵力を回せない北朝鮮軍はテロやゲリラといった不均衡戦を挑むのである。具体的には、どの地域のどのような施設が狙われるのだろうか。

九州と中国地方が「狙われる」

K半島事態対処計画はゲリラ攻撃の発生が予想される施設として、日本海に面した九州、中国地方の施設を列挙している。注目されるのは、自衛隊や米軍施設が目立つことだ。北朝鮮からみれば、「敵の出撃基地」だから当然といえば当然だが、自衛隊はほぼすべての軍事施設が「狙われる」とみている。

例えば、陸上自衛隊は日本海の最前線でもある対馬の防備隊はじめ、福岡、大村、山口、出雲《いずも》など駐屯地十五カ所、海上自衛隊は佐世保、呉《くれ》、岩国などの基地十四カ所、航空自衛隊はレーダーサイト九カ所、航空基地や対空ミサイルのナイキ（現・パトリオット）基地など九カ所を防護対象として挙げ、米軍は沖縄の基地全部と本土の佐世保基地、岩国基地、秋月《あきづき》弾薬庫（広島県）を守る必要があるとしている。

もちろん民間施設も攻撃目標になる。文書が列記しているのは、九州、中国地方の政治中枢であるすべての県庁と県警本部。ほかに交通施設として関門トンネルや新幹線のトンネル、九州・中国自動車道路、福岡空港などすべての民間空港や北九州港など港湾施設も防護が必要とし、生活関連施設として電気、ガス、石油、電話に関連した発電所、ガス補給所、石油備蓄基地などを挙げている。

政治中枢が破壊され、交通網が分断されて電気もガスも止まる。徹底的に生活が脅かされる中で、弾道ミサイルが落下してくるのだ。一九九一年の湾岸戦争でイラクが発射したスカッドミサイルの被害から逃れるため、イスラエル国民は防毒マスクを被り、避難した。恐怖に震える国民を守るため、自衛隊は弾道ミサイルへの対抗措置も考えているに違いない。

ところが、「K半島事態対処計画」に出てくる⑦「西日本地域におけるTBM（戦域弾道ミサイル）対処」の項目では、冒頭で「自衛隊独自で対処することは困難である」とあっさり白旗を上げている。

射程六百キロメートルのスカッドＣは北朝鮮南部から発射すれば、七分後には福岡を直撃する。⑦「西日本地域に……」に記述された「探知・撃破能力」によると、ミサイルの噴射熱を探知する米国の早期警戒衛星や、海上自衛隊のイージス護衛艦は発射を探知することはできるものの、肝心の撃破はできないというのだ。

無理もない。当時、活用できるのは航空機迎撃に使うパトリオットミサイル（ＰＡＣ２）のみで、弾道ミサイルの迎撃を想定した武器ではなかった。九州、中国地方の防御に活用できる高射隊を十八個と算定。一個高射隊は五機二十発の発射装置で編成され、弾道ミサイル一発につき、二発のパトリオットを発射する運用になっているから合計百八十発の弾道ミサイルにしか対処できないことになる。しかも航空機迎撃用だから効果は期待できない。

二〇〇三年十二月、政府はミサイル防衛システムを米国から導入することを閣議決定し、現在は弾道ミサイル対処が専門のＰＡＣ３がある。しかし、発射機は全国で三十四機あるに過ぎない。一方、この間、北朝鮮は日本全国を射程におさめるノドンを本格配備した。どこを目標にするのか、選択権は北朝鮮にある。まずイージス護衛艦から発射する艦対空ミサイルＳＭ３で迎撃するとはいえ、撃ち漏らしたらＰＡＣ３で迎撃するほかない。

航空自衛隊幹部は「全国を守るにはＰＡＣ３が一千機以上必要になる。それには防衛費がいくらあっても追いつかない」と正直に説明する。日本の防衛システムは実は百パーセント迎撃など望むべくもない「破れ傘」でしかないのである。

わずかな救いはスカッドＣやノドンの弾頭に搭載できる爆薬が五百キロから七百キロと比較的、

小さいこと。落下した場合の被害について、自衛隊幹部は「住宅地に落下したら、破壊されるのはテニスコート一面分程度。ビルなら半壊でしょうか？　通常弾頭なら被害はそれほど大きくない」という。おや？　被害は意外に小さいのだろうか。

原発は攻撃されない？

安全保障関連法案が国会審議されていた二〇一五年七月二十九日、山本太郎参院議員が参議院平和安全特別委員会で稼働直前の川内《せんだい》原発（鹿児島県）に弾道ミサイルの直撃があった場合の被害を尋ねたのに対し、安倍首相は「様々な想定があり得ることから、特定の量的な被害は期していない」と答弁した。被害の見積もりはしていない、というのだ。

想定がないことが被害のないことを意味しないのは、福島第一原発の事故が証明している。原発事故は起きないという「原発安全神話」のもと、最も深刻な「レベル７」の事故は起きた。あの事故で政府や米政府の最大の関心事は運転停止中の四号機にあった核燃料プールの水位だった。当時の民主党政権は、爆発のあおりを受けた四号機にある使用済み燃料棒千五百三十五本が入った核燃料プールの水がなくなれば大量の放射性物質が放出され、原発から半径二百五十キロ圏まで避難の必要があると覚悟した。米政府は日本側の確認を待つまでもなく在日米軍家族のうち約七千人を国外へ退避させ、グアムから滞空型無人機「グローバルホーク」を飛ばして水の有無を確認したほどだ。

幸い冷却のための水があることが確認されたが、ここで得た教訓は原子炉格納容器が破壊されなくても、核燃料プールの水がなくなれば未曽有の被害が出るということである。核燃料プールは、福島第一原発のような沸騰水型原子炉（ＢＷＲ）では原子炉格納容器の上の天井に近い場所にあり、上空から落下する弾道ミサイルの餌食になりかねないことを全世界が知ることとなった。川内、高浜、伊方《いかた》のような加圧水型原子炉（ＰＷＲ）は原子炉格納容器の横に位置するが、原子力規制委員会はＢＷＲ、ＰＷＲどちらの原発に対しても弾道ミサイルが直撃した場合の対策は求めていない。安全神話は今も健在なのである。

稲田《いなだ》朋美《ともみ》防衛相は一六年八月、北朝鮮の度重なる弾道ミサイル発射に対し、自衛隊に迎撃態勢をとらせる「破壊措置命令」を発令した。兆候をつかみづらい移動式発射台からの発射が繰り返されていることを受け、常時発令した状態を維持し、現在に至っている。

日本のミサイル防衛システムは、日本海のイージス護衛艦が艦対空ミサイルＳＭ３で迎撃し、撃ち漏らしたら地対空迎撃ミサイルＰＡＣ３で対処する。

一隻あたりのＳＭ３の搭載数は八発と少ない一方、北朝鮮は日本まで届く弾道ミサイルの発射機を合計二百五十機以上保有する（米国防総省「朝鮮民主主義人民共和国の軍事および安全保障の進展に関する報告」二〇一三年五月）。

イージス護衛艦を複数動員したとしても弾道ミサイルを連射されれば、いずれＳＭ３は尽きる。「最後の砦《とりで》」がＰＡＣ３なのだ。ＰＡＣ３を保有する高射隊は一六個部隊、一個教導隊が二機ずつ合計三十四機の発射機を持つ。二機ずつなのは発射機を二機並べて使うためで、これにより防御地点は全国で十七カ所となる。防御範囲は一カ所あたり直径五十キロメートルとされる。

第 1 高射群(関東)	第 1 高射隊(習志野分屯基地) 第 2 高射隊(武山分屯基地) 第 3 高射隊(霞ヶ浦分屯基地) 第 4 高射隊(入間基地)
第 2 高射群(九州)	第 5 高射隊(芦屋基地) 第 6 高射隊(芦屋基地) 第 7 高射隊(築城基地) 第 8 高射隊(高良台分屯基地)
第 3 高射群(北海道)	第 9 高射隊(千歳基地)
第 4 高射群(中部)	第 12 高射隊(饗庭野分屯基地) 第 13 高射隊(岐阜基地) 第 14 高射隊(白山分屯基地) 第 15 高射隊(岐阜基地)
第 5 高射群(沖縄)	第 17 高射隊(那覇基地) 第 18 高射隊(知念分屯基地)
第 6 高射群(東北)	第 21 高射隊(車力分屯基地)
高射教導群	第 2 教導隊(浜松基地)

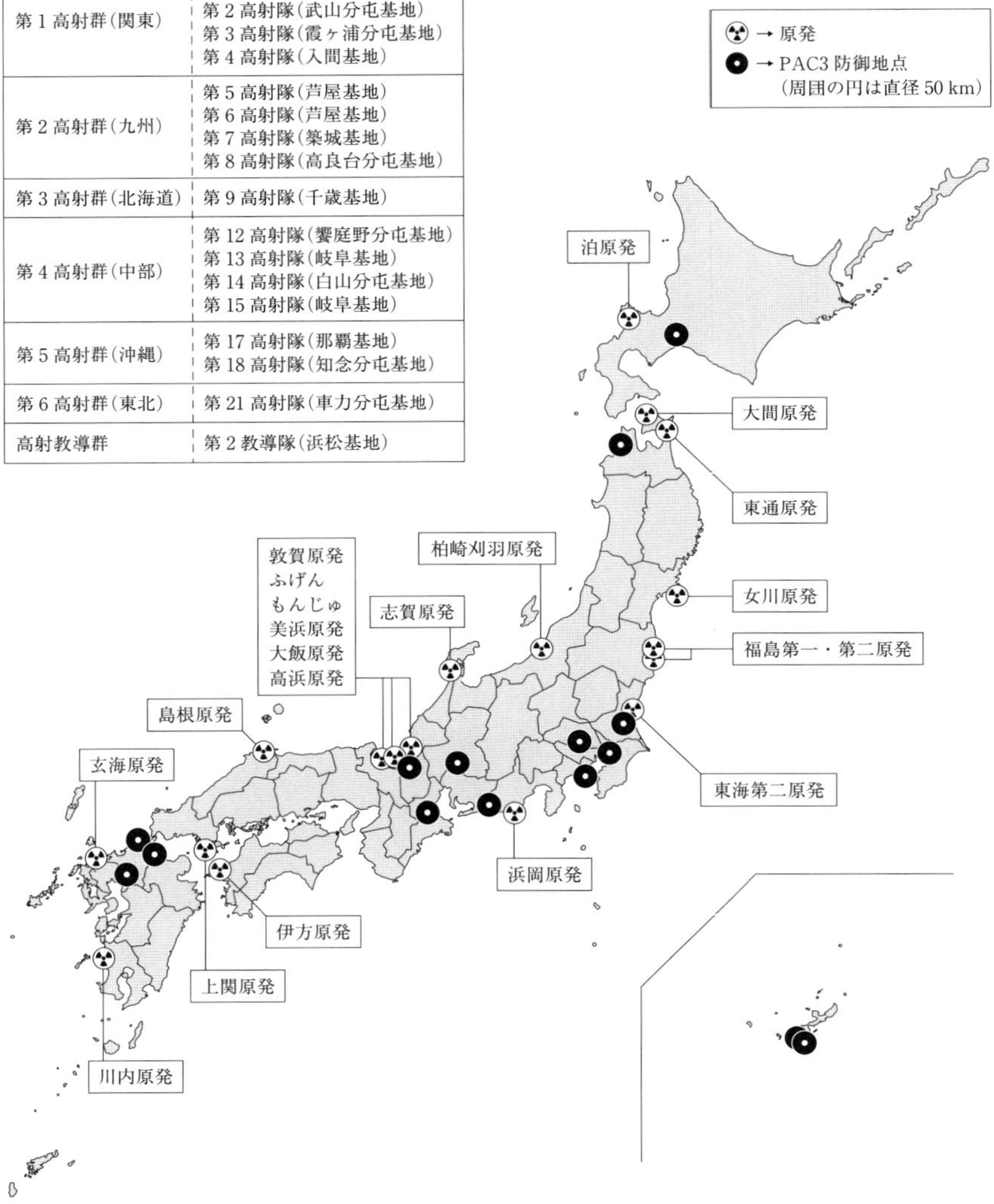

出典：著者データおよび半田滋「自衛隊の「PAC3」では，この国は絶対に守れないことが判明」ウェブサイト『現代ビジネス』2017 年 6 月 17 日の図などをもとに作成

図 5　日本列島における PAC 3 の防衛範囲と原発の位置

それぞれの基地を中心に直径五十キロメートルの円を描くと、いずれの原発もその円の中には入らない（**図5**）。原発には「ＰＡＣ３の傘」がかかっていないのが現状である。なぜ原発を守らないのか、河野《かわの》克俊《かつとし》統合幕僚長は二〇一七年九月二十一日の記者会見で「ＰＡＣ３も数に限度があります」と防御網に穴があることを示唆している。

通常弾頭であっても原発の圧力容器や使用済み燃料プールに命中すれば、甚大な被害が出るのは間違いない。原発の導入を検討した一九五〇年代当時、政府は潜在的核保有能力の確保を目指したとされる。原発が攻撃対象となることをまったく考えない「平和ボケ」というほかない。全国各地を原発だらけとしたことで、日本は守りに極めて弱い国になったといえる。

押し寄せる難民

国内を大混乱に巻き込む要素はテロ・ゲリラと弾道ミサイルだけではない。「Ｋ半島事態対処計画」の「難民対策」の項目をみると、単純な軍事攻撃以上の脅威となることがわかる。シリア難民が欧州に逃れ、各国のＥＵ（欧州連合）離脱の動きにまで発展しているのをみても明らかだ。

「Ｋ半島事態対処計画」は、戦禍を逃れ、避難する目的の一般難民について、戦後世界軍事資料をもとに「（人口に対する発生割合を）紛争開始直後に約一パーセント、紛争収拾までに約一〇パーセントに達する」と見込み、紛争発生直後に発生する難民を韓国で約四十五万人、また北朝鮮で約二十四万人と試算、海と陸地から周辺国に流出するとしている。

このうち日本には韓国から約二十二万人、北朝鮮からは約五万人の合計約二十七万人が押し寄せ、九州北部や山陰地方沿岸部から上陸すると見込んでいる。

一義的には警察が対処するものの、警察で対応可能なのは難民約三万五千人にすぎず、これを超える大量難民については自衛隊による対処を想定する。

九州、沖縄を担当する陸上自衛隊西部方面隊（総監部・熊本市）をモデルに試算すると、隊員一人につき、難民十人を管理する前提で管理可能な難民は約一万人にとどまり、残る四方面隊からの増援が必要になると結論づけている。

陸上自衛隊挙げての総力戦にならざるを得ないというのだ。一例として第四師団（福岡県春日市）が三千人の難民を任された場合が示されている。駐屯地に隣接した訓練場に仮設の難民収容所をつくり、六人用テントを三百張建て、簡易トイレを三十個設置する。隊員六百人を配置し、第十六普通科連隊長（一等陸佐）が指揮をとるとしている。

軍隊は三割の兵士を失ったら戦闘能力を失うというのが軍事の常識とされる。仮設収容所に駆り出される隊員六百人は普通科連隊の五割以上に相当し、指揮官の連隊長が「所長」を務めるようでは、部隊は機能不全に陥ってしまう。

さらに問題を複雑にするのは難民に混じって武装した「偽装難民」が紛れ込む可能性もあるという点である。日本での不法行為、テロ行為を目的として難民に紛れ込んで潜入する「偽装難民」は、武器や爆発物の使用、人質の獲得などの犯罪行為に走る。

「K半島事態対処計画」に組織名は記載されていないが、「わが国在住の自国民」や「わが国の国内勢力」と呼応して暴動を起こすこともあるとしている。その結果、日本の安全保障に重大な影響を及ぼす恐れがある場合は「治安出動も考慮する」とある。

陸上自衛隊の多くの部隊が難民対処に駆り出されている最中で治安出動が下令されるのである。この段階になると、テロやゲリラの危険も高まっている。

陸上自衛隊の現員は十四万人弱にすぎない。「偽装難民」やテロ、ゲリラに対処するとすれば、当面の危険はない一般難民にまで手がまわらないと考えるのが自然だろう。

それ以前に、自衛隊による難民対処には根本的な問題がある。「K半島事態対処計画」は「参考となる法令はあるが、自衛隊活動の明確な根拠とはなり得ない」と明記され、難民対処のための法律が存在しないことこそが問題と指摘する。

自衛隊法はもちろん、朝鮮半島有事を想定して生まれた周辺事態法、同法を改定した重要影響事態法、日本が他国から攻撃を受けた場合の対処を示した武力攻撃事態対処法、いずれの法律にも「難民」の文字はない。

「K半島事態対処計画」は「自衛隊として何をすべきか」を書いた文書であり、法律の縛りを受けていない。計画策定後、法改正などがあり、実施可能になった項目はあるものの、難民対策については依然として法律上の定めがない。駐屯地に仮設難民収容所をつくるなどの計画は法的な制約を抜きにした仮説にすぎないのである。

過去に上陸した難民に対しては、法務省入国管理局が何とか対処してきた。一九八九年五月から九月にかけて二十一件（人員二千六百八十三人、二十一隻）のボートピープル漂着事案があった。法務省大村入国管理事務所が担当したが、処理しきれず、防衛庁に協力要請して、天幕十六張と自衛官六十二人を借り受けている。

入管で収容できる人数は全国で三千人程度とされているが、ボートピープルの例をみる限り、それ以下の人数でもお手上げだとわかる。朝鮮半島有事でなだれ込む難民は桁違《けたちが》いの約二十七万人である。最終的には自衛隊施設を活用せざるを得ず、自衛隊は権限なき難民対処を求められるのである。

「K半島事態対処計画」は自衛隊が難民に対処する際の問題点を以下のように挙げている。「日本に波及する難民数を把握するのが困難」「難民の計画が武装難民なのか、非武装難民なのか、あるいは亡命なのか判定が困難」「語学による障害」などである。

さらに「関係省庁との取り決めがなく、連携要領が不明である」とも書かれている。

不明なのは当然だろう。関係省庁としては窓口の内閣府、財務省（税関）、厚生労働省（検疫）、法務省（入国管理）、警察庁（警備）、防衛省（同）、海上保安庁（同）などが挙げられるが、政府はどの省庁が中心となって難民に対処するのか決めていない。

インドシナ難民が過去最多となった八九年、国内は混乱した。難民政策の不在が原因だったが、このとき政府は何の教訓も学ばなかった。

朝鮮半島から押し寄せる難民と、テロ攻撃から逃げまどう日本人が混在する日本列島で自衛隊と北朝鮮軍が戦うという終末の光景は想像するだけでも恐ろしい。実際の難民への人道的な支援も含め、喫緊の課題として難民対策が求められている。

戦争は避けなければならない

北朝鮮は二〇一七年十一月二十九日未明、新型の弾道ミサイルを発射した。韓国軍によれば、ミサイルは最高高度四千五百キロ、飛行距離約九百六十キロ。角度を上げて飛距離を抑えるロフテッド軌道とされ、北朝鮮は大陸間弾道ミサイル（ＩＣＢＭ）「火星14」を改良した「火星15」だと発表した（三ページの写真）。通常角度で飛ばせば、飛行距離は米東海岸に届く一万三千キロ以上に達するとみられる。正恩氏は同日、「国家核戦力完成の歴史的大業、ミサイル強国偉業が実現した」と宣言し、「米本土を攻撃できる超大型重量級核弾頭の搭載が可能」としたが、米国や韓国の専門家はＩＣＢＭの技術を確立したとはみていない。

米中ロのＩＣＢＭが三段式なのに対し、「火星15」は二段式。二段式は推進力が弱いため、弾頭重量を五百キロ程度まで小型化する必要があるが、核弾頭小型化の技術は簡単ではない。大気圏に再突入する際、高熱となる弾頭部を守れるのかどうかも確認されていない。

ただ、北朝鮮が二十年以上にわたりミサイル開発と核開発を進めたことにより、米国を射程におさめるＩＣＢＭの完成が近づいていることは間違いない。

国際社会は、緊張を高める北朝鮮、そして北朝鮮攻撃も辞さないと繰り返す米国の両国に対し、話し合うよう求めている。「火星15」の発射を受けて開かれた国連安全保障理事会で中国とロシアはあらためて「対話による解決」を主張した。

中国は原油や石炭、食糧などの輸出入を通じて北朝鮮を支える最大のスポンサー国である。しかし、度重なる核実験とミサイル発射に対し、「深刻な懸念」を表明している。またロシアは旧ソ連時代には核技術を与え、現在も北朝鮮の労働者を多数雇用する北朝鮮の友好国である。

武力による解決を望まないのは、北朝鮮と国境を接することと無関係ではあるまい。戦争になれば大量に発生する難民は国境線を越え、中国やロシアを目指すだろう。また北朝鮮が保有するのは核兵器ばかりではない。生物兵器、化学兵器の保有も疑われ、それらの大量破壊兵器が使われるようなことがあれば、放射能などで汚染された大気の影響をまともに受けるのが中ロ両国である。

武力衝突の結果、最終的には米国が勝利し、北朝鮮が消滅して韓国に併合されると仮定する。緩衝地帯の北朝鮮が消えれば、中国、ロシアは米軍基地を抱える「統一朝鮮」と国境線を接することになり、米国との間で新たな緊張関係が生まれるだろう。東アジアが世界の不安定要因となるのである。また中国には国境に近い延辺《えんぺん》自治区に二百万人を超える朝鮮族が暮らしており、チベットや新疆《しんきょう》ウイグルなどと同様の独立運動が起こらないとも限らない。

戦争ともなれば、米国、韓国、日本が直接、人的・物的被害を受けるのと同様に中国、ロシアも多大な影響を受けるのである。

筆者は一七年七月、米国の首都ワシントンを訪れた。そこで会った米政府に近い軍事専門家たちが楽観視していることに驚かされた。トランプ大統領の言動、行動には「あきれはてるほかない」というのが共通した感想だったが、「万一の場合、マティス国防長官とティラーソン国務長官の二人がトランプ大統領を羽交い締めにしてでも戦争はさせない」と話す専門家もいた。元軍人ながら書籍に囲まれた哲学者のような生活のマティス氏と石油大手のＣＥＯ（最高経営責任者）

だったティラーソン氏の二人は穏健な考えの持ち主とされる。

ティラーソン氏の解任がたびたび持ち上がるのは、北朝鮮に対し、圧力一辺倒で押し通そうとするトランプ氏と問題解決の道筋が異なっているからだろう。ティラーソン氏が解任されるようなことがあれば、戦争は現実味を帯びると考えた方がいいかもしれない。

北朝鮮問題を解決するには、これまで米国がとってきたような核開発を放棄した後、交渉のテーブルに着くとの条件を付けたままでは、話し合いはいつになっても始まらない。北朝鮮が核とミサイル開発を進めるのは米国からの先制攻撃を恐れていることが要因なのだから、プーチン大統領が指摘する通り、金正恩委員長は「草を食べてでも核開発をやめない」だろう。鶏が先か、卵が先かの議論はもう終わりにしなければならない。

着地点はひとつしかない。核放棄を条件とすることなく、議論を開始するのだ。一五年七月、主要六カ国との間で核開発の大幅な制限と軍事施設の条件付き査察で合意したイランが核実験まで至っていなかったのに対し、北朝鮮は六回の核実験を行い、六回目は広島型原爆の十倍という核兵器の威力をみせつけている。安倍首相も「北朝鮮は核を保有している」（二〇一七年十月八日、日本記者クラブであった政党代表討論会）と核保有を認めているではないか。

議論の過程で核兵器の完全な管理とミサイル発射の停止を求め、その見返りとして「米国は北朝鮮を攻撃しない」という保障を含めた平和協定を米国、北朝鮮の二カ国で締結するところから始めるべきだろう。

確かにトランプ大統領や安倍首相の推し進める「これまでにない圧力」が北朝鮮を交渉のテー

ブルに着かせた例はある。〇三年九月、中国が北朝鮮への石油提供を止めた後、北朝鮮は交渉の席に着いた。これが六者協議の始まりになった。

また九回におよぶ国連による経済制裁の影響なのか、北朝鮮は一七年九月に予定していた空軍機による航空ショーを中止したり、乗用車のガソリン供給を政府高官のみに限定したりするなど節約を続けている面もある。ただ、米国は圧力の効果が出るより先に北朝鮮がＩＣＢＭを完成させることは許さないのではないだろうか。

ティラーソン氏は一七年十二月、「前提条件なしで北朝鮮との最初の対話をする用意がある」と述べたが、ホワイトハウスが否定すると、ただちに軌道修正した。食い違いが表面化するのは、米政府内で意見のすり合わせができていないことを意味する。トランプ政権は不安定な政権だと認識しなければならない。

現にトランプ大統領はアラブ社会からの猛反発を無視して、イスラエルの首都をエルサレムと正式に認定した。大統領に就任後、公約で廃止を約束したオバマケア（健康保険制度）は廃止できず、税制法案もようやく一七年十二月になって成立したが、見るべき実績は残せていないのが実情である。

大統領一人の判断で踏み切ることができるエルサレム問題の解決を国内の支持層に向けてアピールしたと考えるほかない。だとすれば、トランプ氏は支持基盤固めのために北朝鮮攻撃を選択するような人物なのかもしれない。懸念されるのは英国、フランス、ロシア、中国などが反対したエルサレム首都問題に対し、安倍政権があいまいな態度をとり続けたことである。反対を表明したのは十二月の国連総会での米政府に撤回を求める決議案に賛成票を投じた場面だった。ただ過去の中東政策との整合性を図ったにすぎない。

これまでみてきた通り、日本政府は米国の戦争を支援できる安全保障関連法を施行し、対米支援を約束したガイドラインを米国との間で締結している。よもや安倍首相が下駄《げた》の雪のようにトランプ氏にどこまでも付いていくとは信じたくない。安倍首相が行うべきはティラーソン氏のように「無条件で対話のテーブルに着くべきだ」とトランプ氏に強く進言し、絶対に戦争を起こさせないよう粘り強く米国を説得することである。

防衛省は一七年十二月になって「敵基地攻撃」が可能な長距離巡航ミサイルの導入費を一八年度予算案に追加計上した。さらに機動打撃力のシンボルともいえる空母の保有計画も浮上した。もはや専守防衛などどこ吹く風である。この危険な徴候は安倍首相が憲法第九条に「自衛隊」を明記する憲法改定案を表明したことと無縁ではない。改憲を目指す安倍首相が「北朝鮮の脅威」を政治利用すればするほど、自衛隊は「脅威対抗」を大義名分に自己増殖していく。

北朝鮮の核・ミサイル開発は許されるものではない。だが、いずこの国の政治家であれ、必要以上に他国の脅威を煽れば、亡国の道である戦争につながる。そうなれば世界の人々は、破滅と絶望の荒野を目《ま》の当たりにすることになるだろう。

平昌冬季五輪をきっかけにようやく南北対話が再開された。これから数年の朝鮮半島情勢は、日本の将来を左右するばかりでなく、世界の未来を予測させる重要な指標となることだけは間違いない。

半田 滋

東京新聞論説兼編集委員，獨協大学非常勤講師，法政大学兼任講師．1955年栃木県生まれ．下野新聞社を経て，91年中日新聞社入社．92年から防衛庁取材担当．東京新聞編集局社会部記者，編集委員を経て，2011年11月より論説委員兼務．93年防衛庁防衛研究所特別課程修了．07年，東京新聞・中日新聞連載の「新防人考」で第13回平和・協同ジャーナリスト基金賞(大賞)を受賞．著書に『「戦地」派遣　変わる自衛隊』(2009年度JCJ賞)，『日本は戦争をするのか』(以上，岩波新書)，『零戦パイロットからの遺言』『「僕たちの国の自衛隊に21の質問」(以上，講談社)，『集団的自衛権のトリックと安倍改憲』(高文研)，『防衛融解　指針なき日本の安全保障』(旬報社)など．

「北朝鮮の脅威」のカラクリ
──変質する日本の安保政策

岩波ブックレット 979

2018年3月6日　第1刷発行

著　者　半田《はんだ》 滋《しげる》

発行者　岡本 厚

発行所　株式会社 岩波書店
〒101-8002 東京都千代田区一ツ橋2-5-5
電話案内 03-5210-4000　営業部 03-5210-4111
ブックレット編集部 03-5210-4069
http://www.iwanami.co.jp/hensyu/booklet/

印刷・製本　法令印刷　　装丁　副田高行　　表紙イラスト　藤原ヒロコ

ISBN 978-4-00-270979-6　　Printed in Japan